"十四五"职业教育国家规划教材

职业教育计算机类专业系列教材

计算机组装与维护实践教程

主　编　李　丰　李　巧

副主编　何翠云　吴星源　刘舒婷

参　编　钟　丽　欧倍铭　何善群

　　　　黄梓恩　陈　健　朱锋朝

　　　　王　妍　龙九清　陈剑铭

机械工业出版社

本书以职业院校学生小霖在企业进行岗位实习的经历为主线，系统地介绍了计算机组装与维护的基础知识。为更好地将认知过程与工作流程结合起来，本书将相关知识体系分解为 6 大学习单元和 13 个实践项目，并分别创设对应的职场代入情境，将知识点融入业务流程与岗位实践当中，同时保持学习的连贯性、技术的实用性和知识的新颖性。

本书结构清晰，内容详尽，通俗易懂，趣味性和实用性强，与职业应用实践紧密结合，并配有 PPT 课件等教学资源。本书既可作为职业院校计算机及相关专业的教材，也可以作为社会技能培训和广大计算机用户的参考工具书。

图书在版编目（CIP）数据

计算机组装与维护实践教程 / 李丰，李巧主编．—北京：
机械工业出版社，2020.7（2025.1 重印）
职业教育计算机类专业系列教材
ISBN 978-7-111-65548-0

Ⅰ.①计… Ⅱ.①李… ②李… Ⅲ.①电子计算机－
组装－高等职业教育－教材②计算机维护－高等职业教育－教材
Ⅳ.① TP30

中国版本图书馆 CIP 数据核字（2020）第 075414 号

机械工业出版社（北京市百万庄大街 22 号邮政编码 100037）
策划编辑：李绍坤　　　　　责任编辑：李绍坤　侯　颖
责任校对：王　欣　张　征　封面设计：鞠　杨
责任印制：单爱军
北京虎彩文化传播有限公司印刷
2025 年 1 月第 1 版第 8 次印刷
184mm×260mm・14.5 印张・327 千字
标准书号：ISBN 978-7-111-65548-0
定价：39.80 元

电话服务　　　　　　　　网络服务
客服电话：010-88361066　机 工 官 网：www.cmpbook.com
　　　　　010-88379833　机 工 官 博：weibo.com/cmp1952
　　　　　010-68326294　金 书 网：www.golden-book.com
封底无防伪标均为盗版　教育服务网：www.cmpedu.com

关于"十四五"职业教育
国家规划教材的出版说明

为贯彻落实《中共中央关于认真学习宣传贯彻党的二十大精神的决定》《习近平新时代中国特色社会主义思想进课程教材指南》《职业院校教材管理办法》等文件精神,机械工业出版社与教材编写团队一道,认真执行思政内容进教材、进课堂、进头脑要求,尊重教育规律,遵循学科特点,对教材内容进行了更新,着力落实以下要求:

1. 提升教材铸魂育人功能,培育、践行社会主义核心价值观,教育引导学生树立共产主义远大理想和中国特色社会主义共同理想,坚定"四个自信",厚植爱国主义情怀,把爱国情、强国志、报国行自觉融入建设社会主义现代化强国、实现中华民族伟大复兴的奋斗之中。同时,弘扬中华优秀传统文化,深入开展宪法法治教育。

2. 注重科学思维方法训练和科学伦理教育,培养学生探索未知、追求真理、勇攀科学高峰的责任感和使命感;强化学生工程伦理教育,培养学生精益求精的大国工匠精神,激发学生科技报国的家国情怀和使命担当。加快构建中国特色哲学社会科学学科体系、学术体系、话语体系。帮助学生了解相关专业和行业领域的国家战略、法律法规和相关政策,引导学生深入社会实践、关注现实问题,培育学生经世济民、诚信服务、德法兼修的职业素养。

3. 教育引导学生深刻理解并自觉实践各行业的职业精神、职业规范,增强职业责任感,培养遵纪守法、爱岗敬业、无私奉献、诚实守信、公道办事、开拓创新的职业品格和行为习惯。

在此基础上,及时更新教材知识内容,体现产业发展的新技术、新工艺、新规范、新标准。加强教材数字化建设,丰富配套资源,形成可听、可视、可练、可互动的融媒体教材。

教材建设需要各方的共同努力,也欢迎相关教材使用院校的师生及时反馈意见和建议,我们将认真组织力量进行研究,在后续重印及再版时吸纳改进,不断推动高质量教材出版。

机械工业出版社

前　言

　　根据党的二十大报告提出的"推进职普融通、产教融合、科教融汇，优化职业教育类型定位"的要求，本书通过设置岗位工作实践过程，紧密结合职业应用的特点与需求，以目前主流的软/硬件产品为实例，循序渐进地讲解了计算机主要部件的分类、性能、安装、选购、维护与保养以及故障排除方法，介绍了组装机与品牌机的选配方案，并模拟计算机产品的营销流程，使读者能够运用相关知识解决生活与工作中的实际问题，从而成为一名合格的 DIYer（喜欢自己动手实践的人）。

　　本书在框架设计、知识构建与编写风格方面的说明如下：

　　1. 故事背景

　　本书中的小霖是职业院校计算机应用技术专业的一名在校学生，放暑假后通过自己的努力，被一家信息科技公司录用为计算机维护（技术销售）实习生，主要负责为客户选配合适的计算机及周边设备，并提供相应的产品安装、维护、方案实施与技术支持服务。为了让小霖能尽快地进入工作状态，公司指派两位经验丰富的员工（王工与赵工）对小霖进行一段时间的岗前培训，并拟定了学徒制的培训方式与相应的培训内容。

　　2. 角色设定

　　本书主要人物角色为小霖、王工和赵工，并围绕他们的职场情境与工作任务展开叙述。小霖对计算机硬件技术比较感兴趣，但知识并不全面，且缺少实践锻炼，自身技能与实际工作要求有一定的差距。王工为公司高级技术服务工程师，负责为客户提供计算机软/硬件产品和周边设备的选配、安装、IT 项目的实施以及相关技术支持服务。赵工为公司技术销售主管，负责计算机软/硬件产品、数码电子产品、技术维护服务以及 IT 解决方案的咨询与营销。

　　3. 工作流程

　　小霖所从事的岗位是计算机维护（技术销售）实习生，其基本工作流程是：接待客户或接受任务单 → 分析客户需求或任务要求 → 提供产品技术咨询、选配方案或实施建议 → 与客户进行售前确认，并制订具体方案 → 为客户选配及安装产品、实施方案或提供技术维护服务 → 产品或服务交付及验收 → 后续评估与反馈。本书设计了与之对应的知识讲授流程，以便更好地代入岗位实践应用当中。

　　4. 读者定位

　　本书涵盖了计算机的组成结构、硬件设备的选购、计算机软/硬件的安装、系统维护与故障排查、计算机的定制选配以及计算机产品营销岗位模拟实训等相关内容，可满足一般家庭与中小型企业用户在娱乐、学习和办公等方面的需求。

5．知识结构

本书根据职业应用与工作流程特点，紧密贴合岗位实践需要，将知识体系划分为 6 个对应的学习单元，每个学习单元的结构如下：

1）职业情景创设（对话与新知识导入）。

2）工作任务分析（简述任务概况与工作要求）。

3）知识学习目标（基础理论知识的学习目标）。

4）技能训练目标（实践技能训练的提升目标）。

5）实践项目（分解成若干个项目，并对项目进行独立讲解和考查评价）。

6）职业素养（通过对话与总结，提出职业能力要求，强化职业素养意识）。

6．实用特点

本书选取当今主流的计算机软/硬件产品，详细介绍这些产品的主流型号、性能参数、品牌特点、适用人群以及选购策略，并按照不同用户的需求对计算机产品进行有针对性的分析和应用建议。读者掌握这些内容后在购买和使用计算机时就能够心中有数，避免盲目选择。

7．编写特色

本书站在实践应用的角度，用通俗易懂的语言来描述和解释相关概念、原理和工作过程，并采用故事性的叙述手法来组织编写，如同一本科普类的故事书，便于读者对知识的理解与掌握。此外，本书还设计了贴合职业应用特点的课堂及课外实践环节，通过设置岗位模拟训练增强学生的职业获得感。

8．教学安排

本书建议理论与实操相结合，教师可根据实际情况和培养需要灵活安排授课。本书同样也适合学生进行课后自学、兴趣拓展和独立实践使用，以提高学生的自主学习和解决问题的能力。

本书建议的课时分配与授课进度安排见下表。

课时分配表

章节名称	理论课时	实操课时	质量评价
单元 1　初识计算机	2	按需分配	参考技能评价表
单元 2　选配计算机硬件设备	20	按需分配	参考技能评价表
单元 3　安装计算机软 / 硬件系统	12	6	参考技能评价表
单元 4　备份与维护计算机系统	8	4	参考技能评价表
单元 5　修复常见的计算机故障	6	4	参考技能评价表
单元 6　选配与销售整机产品	10	6	参考技能评价表
期末考试 / 实操考查	2	按需分配	
社会实践应用项目及调查报告	4	按需分配	

　　本书由李丰、李巧担任主编，何翠云、吴星源、刘舒婷担任副主编，钟丽、欧倍铭、何善群、黄梓恩、陈健、朱锋朝、王妍、龙九清、陈剑铭参加编写。本书主编拥有丰富的企业 IT 工作实践经验和教学工作经验，近年来致力于职业能力素质和职业实践应用的研究。

　　虽然作者在教材设计和编写过程中倾注了大量的精力与心血，但由于能力有限，加上计算机硬件技术的发展速度非常快，书中难免存在错误和不妥之处，恳请广大读者不吝提出批评意见和修改建议，以便改正和完善。

作　　者

目 录

　　小霖是职业院校计算机应用技术专业的一名在校学生，放暑假后通过面试，顺利进入一家信息科技公司实习。为了让小霖能尽快地进入工作角色，在小霖上班的第一天，公司指派两位经验丰富的员工（王工与赵工）对小霖进行一段时间的岗前培训。

　　王工：你好啊小霖，欢迎加入我们公司！我是王工，公司高级技术服务工程师，负责为客户提供计算机软／硬件产品和周边设备的选配、安装、IT 项目的实施以及相关技术支持服务。这位是赵工，公司技术销售主管，负责计算机设备、软件产品、数码电子产品、技术维护服务以及 IT 解决方案的咨询与营销。

　　小霖：两位前辈好，还请前辈多多关照！

　　王工：客气了。你的职位是技术销售实习生，主要是为客户选配合适的计算机及周边设备，并提供相应的产品安装、维护、方案实施与技术支持服务。另外，我简单介绍一下这个岗位的基本工作流程：接待客户或接受任务单→分析客户需求或任务要求→提供产品技术咨询、选配方案或实施建议→与客户进行售前确认，并制订具体方案→为客户选配及安装产品、实施项目方案或提供技术维护服务→产品或服务交付及验收→后续评估与反馈。清楚了吗？

　　小霖：清楚了！

　　王工：好。我们是一家信息科技公司，员工不仅要有扎实的计算机技术基础，还应该学会如何与客户沟通交流，为客户提供良好的服务，这就需要具备多方面的能力。因此，我们针对你的具体情况拟订了一份岗前培训方案，并将结合实际工作对你进行强化训练，希望你能尽快独立上岗开展工作。

　　小霖：明白！我一定会认真学习，不辜负前辈对我的期望！

单元1

▶ 初识计算机

≫ 职业情景创设

王工带领小霖来到公司下属的一间计算机产品销售门店，在这里摆设有琳琅满目的品牌计算机、主流配件、计算机周边设备与数码电子产品。小霖看得眼花缭乱，不知道该从何学起。

王工：小霖，我了解到你对计算机硬件技术比较感兴趣，但你的知识不够全面，与实际的工作岗位要求还有一定差距，因此我们的第一堂课就放在这里。我们首先要了解计算机有哪些种类，并熟悉各种主流的计算机部件和外设产品。

小霖：太好了，这样我就可以直观地认识计算机了！

王工：那我们就在工作中开始培训吧！

小霖：好的！

≫ 工作任务分析

本单元主要学习计算机的基础知识，包括目前市场上常见的计算机软/硬件类型，能够识别各种计算机硬件与周边设备。

≫ 知识学习目标

- 了解常见计算机产品的类型；
- 熟悉计算机的各种组成硬件；
- 熟悉计算机常见的软件类型。

≫ 技能训练目标

- 学会上网查找主流的计算机产品；
- 能够对计算机进行基本的操作；
- 能够通过实物来直观辨识计算机硬件设备。

▶ 实践项目1 识别计算机的主要构成

项目概述

本项目主要讲授计算机的产品种类、计算机硬件与软件系统的构成，使学生对计算机体系能有一个总体性、概括性的认知，同时拓宽学生在计算机领域的视野，激发学生学习计算机相关知识的兴趣。

项目分析

本项目从常见的计算机产品类型入手，进而剖析计算机基本的软／硬件组成，并介绍目前主流的软件和硬件产品。

项目准备

本项目需准备一台电子白板，一台能够连接 Internet 的教学用计算机。

▶ 任务1 熟悉计算机的种类

计算机的发展可谓日新月异，自从 1946 年第一台现代计算机诞生至今，仅仅 70 多年时间，计算机技术就已达到了高度智能化与自动化水平，且各种计算机形态和产品层出不穷。

纵观目前计算机市场，我们可以把计算机大概划分为以下几类：

（1）按照计算机的使用范围进行划分　可分为个人计算机和商用计算机。

1）个人计算机（Personal Computer，PC，简称微机）是现在使用最广泛的计算机类型，主要是用在家庭、学校、企事业单位等普通个人使用场合，如图 1-1 所示。

2）商用计算机外观比较大气，拥有更高的稳定性、安全性、耐用性和运行性能，在售后服务和技术支持方面也更为完善，大多用于满足企业和政府单位中的商务办公、专业设计、工程开发等特殊使用需要，如图 1-2 所示。

图1-1　个人计算机

图1-2　商用计算机

（2）按照计算机的机身结构形式进行划分　可分为台式计算机、便携式计算机、一体式计算机等。

1）台式计算机（Desktop Computer）是一种将各类部件分离开来的计算机，散热性能比较好，可以很方便地安装、拆卸、添加或更换配件。在装机时也可以灵活、个性化地配置计算机硬件。

2）便携式计算机将大部分配件都集中在一个狭小的空间内，体积更加小巧，具有优异的集成性、便携性与可移动性。目前比较流行的笔记本电脑（Laptop Computer）、平板电脑（Tablet PC）、二合一设备均属于便携式计算机的范畴，如图1-3所示。

a）　　　　　　　　　b）　　　　　　　　　c）

图1-3　常见的便携式计算机

a）笔记本电脑　b）平板电脑　c）二合一设备

3）一体式计算机（AIO Computer）又称为一体机，是一种比较前卫的计算机形态。它将主机和显示器等主要部件以及芯片整合在一起，显示器就是一台计算机。一体机既保持了台式计算机宽大的显示界面与主流的性能配置，又吸纳了笔记本电脑的高度集成化、轻薄化和占地面积小等特性，可以说同时具备了台式计算机与笔记本电脑二者的优点，现在已经走进了很多企事业单位和家庭中，如图1-4所示。

（3）按照计算机的性能层次进行划分　可分为服务器、工作站和普通计算机。

1）服务器（Server）是一类较高性能的计算机，一般采用专门设计的核心配件、操作系统和应用软件，具有优异的稳定性、安全性和运行效率，主要负责处理大部分的网络数据和网络支持服务，是一个网络的关键节点之一，如图1-5所示。

图1-4　一体式计算机　　　　　　　　图1-5　工业级服务器

2）工作站（Workstation）也属于一类特殊的计算机，其核心性能往往不及服务器强大，但是仍然具有较高的数据运算和图形处理能力，主要用在计算机辅助设计、大型软件开发、建筑工程图样制作、影视特效渲染、3D 动画建模等专业应用领域。如图 1-6 和图 1-7 所示分别为台式工作站和移动式工作站。

图1-6　台式工作站　　　　　　　　图1-7　移动式工作站

 ≫ **任务2　认识计算机软 / 硬件产品**

计算机产品种类众多，形式各异，不同品牌的计算机在外观和款式设计上也会不一样，但基本都是以冯·诺依曼体系结构为设计基础的，具有共同的组成配置，在系统结构上并没有什么区别。下面简单介绍计算机常见的软 / 硬件产品。

1. 计算机核心体系简述

一台完整的计算机主要由硬件系统和软件系统两大部分组成。硬件系统是计算机的核心与物理基础，软件系统则是计算机的灵魂。硬件系统和软件系统是相依相存、互不可分的两个方面，有了硬件系统，计算机就拥有"强壮"的身躯，而软件系统则能让计算机拥有更高层次的逻辑运算和智能处理能力，计算机也就能够变得越来越"聪明"。

2. 计算机硬件系统的构成

总体而言，计算机硬件系统主要包含主机和外部设备两大组成部分。

（1）主机　主机是指安装在机箱内部的各种部件的统称，这是计算机硬件系统的核心组成部分，主要由主板、CPU、CPU散热器、内存、硬盘、光驱、显卡、声卡、网卡、电源和机箱等硬件组成，如图1-8所示。

图1-8　主机所含各类部件示例

1）主板。主板也称为主机板或者母板，是一种经过多层印制而成的电路板，如图1-9所示。主板上面布满了插槽、接口、通信线路和控制开关，能够把计算机内外部的硬件设备连接在一起，并实现这些硬件的高效和稳定运行，因此主板对于计算机系统的整体运行性能起着关键性的作用。

2）CPU。CPU（Central Processing Unit，中央处理器，又称微处理器）主要负责计算机内部数据的运算、处理与逻辑判断，如图1-10所示，此外，CPU还与主板一起协调、控制计算机其他硬件设备的正常运行。CPU如同计算机的"大脑"，在根本上决定了计算机系统的整体性能。

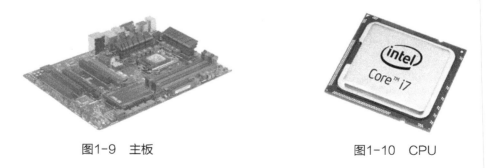

图1-9　主板　　　　　　　　　　　　　图1-10　CPU

3）内存。内存是计算机内部存储器的简称，也称为主存，如图1-11所示。内存是计算机系统的核心部件之一，用来临时存放需要执行的程序以及运算的数据，相当于CPU调用和运行数据的中转站。内存的存／取速度和存储容量对计算机性能的优劣有非常重要的影响。

【知识链接】

> CPU、主板和内存这几个部件共同组成了一个最基本的系统核心架构，对计算机系统性能起着举足轻重的作用。

4）硬盘。硬盘是计算机中最主要也是最大的存储设备，具有存储容量大、稳定性好等特点，一般用来存放操作系统、应用软件、用户资料等永久性的程序和数据。常用的硬盘包括机械硬盘和固态硬盘等，分别如图 1-12 和图 1-13 所示。

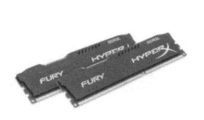

图1-11　内存　　　　　图1-12　机械硬盘　　　　　图1-13　固态硬盘

5）光驱。光驱即光盘驱动器的简称，是一种光存储设备，如图 1-14 所示。光驱使用光盘作为存储介质，既可以读取光盘中的数据，也能对光盘进行刻录以长期保存数据，还可以制作各种影音播放光盘、系统启动光盘或软件运行光盘等。

6）显卡。显卡又称显示适配卡或图形加速卡，负责对计算机中的图形、图像和文字信息进行运算、处理，并输出到显示器进行展示，如图 1-15 所示。对于游戏娱乐、电影观赏和图像设计等应用来说，显卡的处理能力和显示质量将起到极为关键的作用。

图1-14　光驱设备　　　　　　　　图1-15　显卡

7）声卡。声卡也叫音频卡，主要用来处理、转换并输出计算机中的声音信号，如图 1-16 所示。声卡是现代多媒体技术不可或缺的部件，一块好的声卡能够提供高质量的声音，大大增强计算机在多媒体领域的音频体验功效。

8）网卡。网卡也叫网络适配器，负责计算机与计算机之间，以及计算机与路由器、交换机等网络设备之间的数据通信，如图 1-17 所示。

图1-16　声卡

图1-17　网卡

【知识链接】

　　显卡、声卡和网卡是计算机主要的板卡部件，需要安装在相应的扩展插槽中。目前主板一般都集成了显卡、声卡和网卡芯片，可以满足一般用户的日常使用需要。但在对图形图像、声音或网络传输质量要求很高的场合，则需要考虑配置独立的板卡。

　　9）电源。电源是计算机的动力之源，负责为计算机系统的各个部件提供稳定的输入电能，以保证计算机各部件在工作时获得所需的动力，如图1-18所示。

　　10）机箱。机箱用来安装和固定各种主机部件，并负责保护这些硬件能安全与稳定地运行，使之免受外界的损害，同时还能在一定程度上屏蔽主机部件发出的电磁辐射，如图1-19所示。

图1-18　电源

图1-19　机箱

　　（2）外部设备　主机以外的所有硬件统称为计算机外部设备或外围设备。外部设备使计算机的应用范围得到了极大的扩展，主要包括显示器、键盘、鼠标、音箱、摄像头、耳麦、打印机、扫描仪、办公一体机、数字照相机、投影仪与可移动存储设备等。

　　1）显示器。显示器是计算机最重要的输出设备，它通过位于中间的玻璃屏幕来显示文字和图形信息。常见的有CRT（阴极射线管）显示器、LCD（液晶）显示器、PDP（等离子）显示器和3D显示器等几大类，分别如图1-20至图1-22所示。其中，LCD显示器是目前主流的显示器类型。

图1-20 CRT显示器

图1-21 LCD显示器

图1-22 PDP显示器

2）键盘和鼠标。键盘和鼠标是计算机最主要的输入设备。键盘用来向计算机输入各种文字符号、程序数据和控制命令，可直接操控计算机运行，如图1-23所示。鼠标是图形操作界面催生的产物，可以通过拖动、单击左键来选择对象，也可通过双击左键、单击右键或滚动滑轮来完成各种操作，如图1-24所示。

图1-23 人体工学键盘

图1-24 游戏型鼠标

3）音箱。音箱是计算机最主要的多媒体设备之一，负责将声卡输出的音频信号进行扩音、优化与重放，方便人们收听声音和欣赏音乐，如图1-25所示。

4）摄像头。摄像头是一种视频图像传输设备，其主要作用是提供计算机能够识别的图像和视频数据，实现用户之间视频信息的实时交流，如图1-26所示。

图1-25 低音炮音箱

图1-26 高清摄像头

5）耳麦。耳麦是一种将耳机与麦克风整合而成的一体式设备，如图1-27所示。麦克风用来呼出，耳机用来接听，这样就同时具备了听和说的功能，极大地方便了人们的娱乐和沟通需要。

6）打印机。打印机属于办公设备的一种，也是广泛使用的输出设备之一，可以很方便地将计算机中的信息打印到纸张上。打印机分为激光打印机、喷墨打印机、针式打印机以及目前热门的 3D 打印机和照片打印机等几类。图 1-28 所示为一款常用的照片级喷墨打印机。

图1-27　游戏型耳麦

图1-28　照片级喷墨打印机

7）扫描仪。扫描仪是一种数码输入设备，通过利用光电扫描技术，将文本、照片、图纸等资料输入计算机，并转换成可编辑和存储的电子图片。扫描仪不仅能扫描平面物品，有些产品还支持 3D 立体扫描。图 1-29 所示为一款家用扫描仪。

8）办公一体机。办公一体机集成了打印、复印、扫描、传真等几种办公应用功能，一台机器就能满足多方面的使用需求。图 1-30 所示为一款多功能彩色激光一体机。

图1-29　家用扫描仪

图1-30　多功能彩色激光一体机

9）数字照相机。数字照相机是一种能将光学影像转换成计算机可识别的电子信息的数字化相机，不仅可以拍摄照片，而且可以录制视频，如图 1-31 所示。

10）投影仪。投影仪是一种大屏幕显示设备，可以将计算机、电视机、游戏机、DVD 等设备的视频信号投射到屏幕上，便于让更多用户观看，如图 1-32 所示。

图1-31　数字照相机

图1-32　投影仪

11）可移动存储设备。可移动存储设备主要包括 U 盘和移动硬盘两种，分别如图 1-33 和图 1-34 所示。这类设备采用 USB 接口，支持即插即用，携带和使用都非常方便，拥有较大的存储容量和较好的稳定性，已成为人们普遍使用的数据存储工具。

图1-33　U盘

图1-34　移动硬盘

3. 计算机软件系统的构成

软件系统保障了计算机能够充分发挥自身强大的运算及处理能力，实现各种先进和复杂的功能。根据产品设计与功能应用上的区别，计算机软件系统可分为系统软件和应用软件两大类。

（1）系统软件　系统软件能对硬件资源进行统一管理、协调和控制，从而提高计算机的运行效率，并为用户操作和程序运行提供基础支持。系统软件可分为操作系统、数据库管理系统和系统工具软件等几大类。其中，主流的操作系统有微软的 Windows 7、Windows 8、Windows 10 和 Windows Server 2012/2016 操作系统、苹果的 Mac OS 以及 UNIX、Linux、Fedora、Solaris 等操作系统。

图 1-35 所示为 Windows 10 操作系统，图 1-36 所示为 Mac OS X El Capitan 操作系统，图 1-37 所示为一款 Linux 图形化操作系统。

图1-35　Windows 10操作系统界面

图1-36 苹果Mac OS X El Capitan操作系统界面

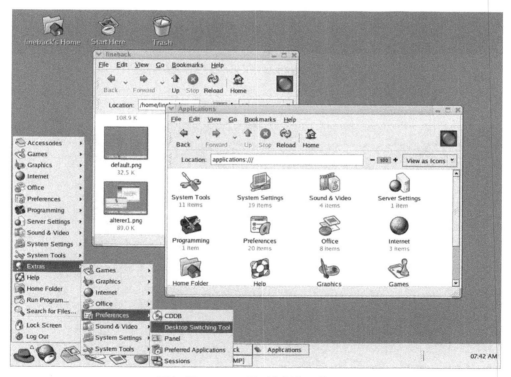

图1-37 Linux图形化操作系统界面

（2）应用软件 应用软件是为实现一些特定的应用目的而开发的软件。它能够满足人们多种多样的计算机使用需求，最大限度地发挥硬件资源的效能，拓宽计算机的应用领域。

常见的应用软件包括信息化办公软件、专业设计软件、程序开发软件、多媒体播放软件、游戏娱乐软件、系统安全软件、教育教学软件等。图1-38所示为Photoshop CS6平面设计软件，图1-39所示为3ds Max三维建模设计软件，图1-40所示为金山毒霸杀毒软件，

图 1-41 所示为金山 WPS 2019 电子表格软件。

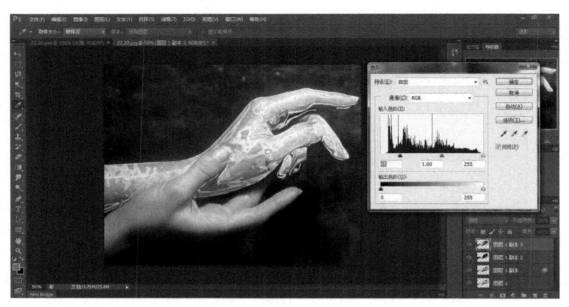

图1-38　Photoshop CS6平面设计软件界面

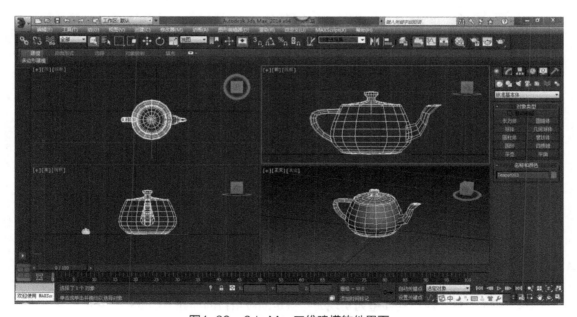

图1-39　3ds Max三维建模软件界面

图1-40　金山毒霸杀毒软件界面

图1-41　金山WPS 2019电子表格软件界面

【实践技能评价】

	检查点	完成情况	出现的问题及解决措施
认识计算机及其体系结构	上网查找主流的计算机硬件设备、操作系统和应用软件	□完成　□未完成	
	辨识教室、机房所用的计算机、数码电子产品、办公设备属于哪种类型	□完成　□未完成	
	查看学校的实训计算机采用何种硬件配置，安装了什么操作系统与应用软件	□完成　□未完成	

≫ 知识巩固与能力提升

1. 计算机的应用范围很广，请列举与人们生活息息相关的几种计算机用途。

2. 如果想买一台计算机用于日常学习，你会选择台式计算机还是笔记本电脑？若购买台式机，你是选择组装机还是品牌机？若购买笔记本电脑，你又会选择哪一种类型的笔记本电脑？请分别简要说明原因。

3. 你使用计算机做过哪些有意义或者有趣的事情？

4. 上网查一查，我国在计算机应用领域有哪些世界领先的科技成果？

≫ 职业素养

王工：计算机软/硬件产品的通识能力，是计算机技术人员和销售人员的基本功之一。虽然计算机技术更新换代频繁，新式产品也是五花八门，但是万变不离其宗，掌握了计算机主要软/硬件产品的外观及功能特点，就能在工作中融会贯通，学会更多的专业知识，也能更好地服务客户。

小霖：看来基本功真的不可忽视啊！基础知识扎实了，专业技能才会稳固提高。我一定要努力掌握计算机系统知识，踏实练好基本功！

单元2

选配计算机硬件设备

▶ 职业情景创设

参观完柜台陈列的各种硬件设备后，由于是第一次接触种类繁多的计算机硬件产品，小霖感到非常好奇。

小霖：王工，这里的硬件品种好多啊，大部分我都没见过，而它们的价格也相差很大，这些部件都有什么讲究吗？

王工：呵呵，你不了解也是正常的。这些大多都是目前市场上比较主流和热门的部件产品，从入门级型号到高端型号都有，它们的性能和应用功能也各有不同，能搭配组装成各类层次和不同用途的计算机，售价当然也会有所差别了。

小霖：哦，那该怎么来区分这些不同的部件产品呢？

王工：别急，接下来我们就要深入了解这些计算机部件，这可是你要掌握的一项核心内容哦！

小霖：好的，让我们马上开始吧！

▶ 工作任务分析

本单元主要学习计算机主要部件的相关知识，包括部件的功能特点、性能指标、品牌型号、产品选购方法等。

▶ 知识学习目标

● 了解计算机主要部件的功能特点；
● 熟悉计算机主要部件的主流品牌型号；
● 掌握计算机主要部件的性能指标；
● 掌握计算机主要部件的选购方法。

▶ 技能训练目标

● 能够识别各种部件的主要特点；
● 能够辨识各种部件的基本组成；
● 能够上网查找主要部件产品的行情信息；
● 能够制订适合实际需要的部件选配方案。

▶ 实践项目2　选配计算机常用部件

项目概述

本项目主要讲授计算机主要部件的相关内容，包括部件的功能特点、性能指标、主要类型、主流品牌与型号、产品的选购要点以及真伪辨别技巧，并在实际环境中运用所学知识。

项目分析

本项目从各个部件的概念与特点入手，引导学生掌握选购部件所需具备的基础知识，并学会分辨与选择合适的硬件产品。不仅锻炼了学生自主学习和解决问题的能力，同时也开拓了学生的视野，激发了学生的学习兴趣。

项目准备

本项目需准备 2～3 个实训用的计算机部件以及一个电子白板（或一体机），并将授课计算机连接互联网。

▶ 任务1　选配CPU

CPU 是整个计算机系统的核心部件，直接决定了计算机的运算性能和处理效率，因此王工决定先从 CPU 开始讲解，一方面使小霖深入了解 CPU 的重要知识，另一方面让小霖学会选购 CPU 产品。

1. CPU的基本特点

CPU（Central Processing Unit，中央处理器，又称微处理器或处理器）是一种超大规模的集成电路芯片，主要负责数据处理、逻辑运算，执行各种中断信号和操作指令，并协调、控制计算机系统的运行，是计算机的运算中心和控制中心，其地位堪比人类的大脑，因此也可以把 CPU 看作是计算机的"智慧大脑"。图 2-1 所示为两款 CPU 产品。

图2-1　CPU正面印刷标识

2. CPU的主要性能指标

性能指标直接决定 CPU 的运行能力与核心功能，也是整个产品档次与制造品质的直观反映。影响 CPU 整体性能的技术指标主要包括以下几类：

（1）主频　主频也叫时钟频率，它是指 CPU 内部数字脉冲信号震荡的速度，单位是吉赫兹（GHz）。主频在很大程度上代表了 CPU 的运算能力，理论上来说，CPU 的主频越高，CPU 的运算速度就越快。

CPU 常见的主频有 2.8GHz、3.0GHz、3.6GHz、3.9GHz、4.2GHz、4.5GHz、4.9GHz 等。目前 CPU 的主频大多已达到或超过了 3GHz，而 4GHz 以上的主频也已逐渐成为主流配置。

（2）内核　内核（Core）即 CPU 的核心，是 CPU 内部专门进行数据运算与信号处理的芯片。每个 CPU 都拥有一个或者多个内核。多核 CPU 是指将多个内核芯片整合到一个物理处理器中，这样 CPU 就拥有了多个功能一样的运算核心，意味着 CPU 可同时处理多个线程的操作。

目前 CPU 内核以双核与四核为主，随着技术的更新与市场价格的下降，不少用户已经采用六核或八核 CPU 了，而一些高端桌面型 CPU 还会搭配十个以上的处理核心。

（3）缓存　缓存（Cache）是位于 CPU 与内存之间的缓冲存储器，也是最先与 CPU 进行数据交换的存储部件，因此传输速度极快，又称为高速缓存。

缓存是 CPU 不可或缺的核心组成部分，共分为三个级别：一级缓存（L1 Cache）、二级缓存（L2 Cache）和三级缓存（L3 Cache）。其中，二级缓存是决定 CPU 性能的关键指标之一，能大幅度提高 CPU 的运算性能；而三级缓存对于大型软件的运行能发挥出非常强劲的提速功能。

目前主流 CPU 大多包含了三个级别的缓存。在可接受的价格范围内，应尽量选择二级缓存与三级缓存容量较大的 CPU。

（4）热设计功耗　热设计功耗（TDP）是指 CPU 达到最大运行负载时所释放出来的热量，单位是瓦特（W）。TDP 值可大致反映出 CPU 的总体功耗水平，是人们选择 CPU 的重要参考指标之一。

性能越高的 CPU 其 TDP 也会越大，很多双核 CPU 的 TDP 值不超过 60W，而有些六核、八核 CPU 的 TDP 值则达到了 100W 以上，这就需要配备供电能力更强的主机电源和散热效果更好的机箱。

（5）制造工艺　CPU 在生产过程中，要加工和组装各种晶体管电路、导线与元件，这个生产程序就叫制造工艺或制程。制造工艺非常重要，工艺的先进与否决定了 CPU 质量与档次的高低。而能不能造出性能优良、品质卓越的处理器，是衡量一个国家计算机产业发展水平的重要标志之一。

业界一般使用纳米（nm）来描述 CPU 制造工艺的精度，指的是 CPU 内核中每一根电路管线之间的距离，它只相当于一根头发直径的 6 万分之一，纳米数值越小表明制造工艺越先进。目前主流 CPU 的制造工艺多采用 14nm 和 10nm，并逐步向 7nm 制程过渡。

3. CPU的主流品牌与型号

Intel（英特尔）和 AMD（超微）是全球主要的 CPU 制造商，在台式计算机、笔记本电脑和 x86 服务器市场上占有绝对统治地位。这两家公司的产品和技术各有特点，并拥有相当数量的忠实用户。图 2-2 和图 2-3 所示分别为 Intel 和 AMD 的企业 LOGO，图 2-4 和图 2-5 所示分别为 Intel 和 AMD 的一款 CPU 产品 LOGO。

图2-2　Intel企业LOGO

图2-3　AMD企业LOGO

图2-4　Intel CPU产品LOGO

图2-5　AMD CPU产品LOGO

Intel 公司是计算机行业中历史悠久、驰名世界的芯片巨头，拥有完备的 CPU 产品线，涵盖了低端的入门级 CPU，主流的智能 CPU 和移动型 CPU，以及高性能的服务器级专用CPU。Intel 的 CPU 产品以技术先进、性能卓越、稳定性好、工艺精良、功耗较低而著称。

AMD 公司是 Intel 的主要竞争者，其处理器性能强大，品种众多，技术升级和产品更新速度较快，价格也比较亲民，具有很高的性价比，尤其在浮点运算和图形处理方面表现非常优异。

（1）Intel CPU 产品的主要型号

Intel 的 CPU 家族囊括了几大核心产品线，主要包括：

- 入门级 CPU Celeron 和 Pentium 系列；
- 面向主流应用的智能 CPU Core i3 与 i5 系列；
- 用于高端计算环境的 Core i7、Core i9 与 Core X 系列；
- 面向服务器级运算平台的 Xeon 系列；
- 面向移动商务应用领域的 Atom X、Core M、Core i 系列。

Intel 部分主流 CPU 产品系列及应用领域简介见表 2-1。

表 2-1　Intel 部分主流 CPU 型号及应用领域

应用领域	主要系列	部分主流型号		
低端桌面平台	Celeron（赛扬）系列	Celeron E	Celeron G	—
	Pentium（奔腾）系列	Pentium E/G	Pentium Gold（奔腾金牌）	Pentium Silver（奔腾银牌）
主流桌面平台	Core（酷睿）i3 系列	Core i3 八代	Core i3 九代	Core i3 十代
	Core（酷睿）i5 系列	Core i5 八代	Core i5 九代	Core i5 十代
高端桌面平台	Core（酷睿）i7 系列	Core i7 八代	Core i7 九代	Core i7 十代
	Core（酷睿）i9 系列	Core i9 8000 系列		
	Core（酷睿）X 系列	Core i5 X 系列	Core i7 X 系列	Core i9 X 系列
服务器平台	Xeon（至强）系列	Xeon E3（兼容台式）	Xeon E5（兼容台式）	Xeon E7/Xeon D

（2）AMD CPU 产品的主要型号

AMD 公司的 CPU 种类非常丰富，概括起来可分为以下几种主要型号：

- 应用于传统计算平台的"龙"系列 CPU——闪龙、速龙、羿龙、皓龙；
- 应用于高性能计算平台的全新一代 Zen 架构 CPU——Ryzen（锐龙）、EPYC（霄龙）系列；
- 面向主流应用的图形整合化桌面加速 CPU——APU 系列；
- 面向高端娱乐应用的 FX 系列 CPU；
- 面向移动计算平台的 APU 和 Ryzen 系列 CPU 等。

AMD 部分主流 CPU 系列及应用领域简介见表 2-2。

表 2-2　AMD 部分主流 CPU 型号及应用领域

应用领域	主要系列	部分主流型号		
中低端桌面平台	APU A 系列	APU A4	APU A6	APU A8
	Althlon（速龙）系列	Althlon X4	—	—
主流桌面平台	APU A 系列	APU A10	APU A12	—
	Ryzen（锐龙）系列	Ryzen 3	Ryzen 3 PRO	—
高端桌面平台	Ryzen（锐龙）系列	Ryzen 5	Ryzen 7	Ryzen Threadripper
	FX 系列	FX-8000 系列	FX-9000 系列	—
服务器平台	Opteron（皓龙）系列	Opteron A 系列	Opteron X 系列	Opteron X3000 系列 SoC 芯片
	EPYC（霄龙）系列	EPYC 7000 系统级 SoC 芯片	—	—

4. CPU的选购指南

CPU 是整个计算机系统的核心，对于整机性能表现起至关重要作用。下面选取几类不同的计算机使用场景简单介绍选购 CPU 的方法。

（1）选购指南 1　根据消费用途选择产品

不同的用户群体对计算机的配置需求有所差别，因此在选购 CPU 时，要结合产品的性能指标、具体用途和质保服务等方面来综合考虑。

1）家庭娱乐与企业办公应用。普通的家庭和企业用户对计算机的性能要求并不高，主要用于上网、信息化应用和简单娱乐等，建议选择性价比高、稳定性好、又可兼顾影视游戏娱乐的 CPU 产品，如 Intel Pentium Gold G 系列、第六代以上 Core i3/i5 系列、AMD APU A8/A10 以及 AMD Ryzen 3 系列等。

其中，以 Pentium Gold G5600、Core i3 6100/7100/8300、Core i5 6600K/7500/8500、APU A8 7650K/9800、A10 6800K/7870K、Ryzen 3 1300X/2200G 等 CPU 为代表，这些产品具有不俗的运算效能、图形处理性能与较高的性价比，对预算有限的用户有着很大的吸引力。

图 2-6 所示为 Intel Core i3 7100 处理器，图 2-7 所示为 AMD A10 7870K 处理器。

2）图形设计与影视编辑应用。图形与影视设计对计算机性能的要求相对较高，侧重数据运算、多任务处理与图形优化效率等方面，因此用户应综合考虑 CPU 的图形处理能力，尤其要强化内核、缓存、总线频率和制造工艺等性能指标。

图2-6　Intel Core i3 7100处理器

图2-7　AMD A10 7870K处理器

用户可选择第七代以上Intel Core i5/i7系列、AMD APU A10/A12系列以及Ryzen 5/Ryzen 7系列等处理器，如Core i5 7600/8600K、Core i7 7700K/8700、APU A10 7890K/A12 9800、Ryzen 5 1500X/1600X/2400G等代表性产品。

图2-8所示为Intel Core i7 7700K处理器，图2-9所示为AMD Ryzen 5 1600X处理器。

图2-8　Intel Core i7 7700K处理器

图2-9　AMD Ryzen 5 1600X处理器

3）游戏娱乐和竞技体验应用。游戏玩家更为注重游戏流畅性、画质细腻度、3D渲染和特效优化等多方面的表现，追求高品质的感官娱乐体验。因此建议采用高端的或旗舰级的处理器，这样才能满足玩家较为苛刻的娱乐需求。

Intel和AMD均推出了性能卓越的重量级处理器产品，包括Intel第八代Core i7系列、Core i9系列、Core X高端桌面系列、AMD Ryzen 5/Ryzen 7系列以及Ryzen Threadripper（线程撕裂器）等主要型号。

其中较为经典的处理器有Core i7 6900K/8700K/6950X、Core i9 7900X/7980XE至尊版、AMD Ryzen 7 1700X/1800X、Ryzen 7 PRO 1700/ 1700X、Ryzen Threadripper 1920X/1950X、第二代的Ryzen Threadripper 2950X/2990WX（32核心/64线程及64MB三级缓存）顶级型号，以及基于Zen+架构、采用12nm制程的Ryzen 7 2700X等。

图2-10所示为Intel Core i9 7900X处理器，图2-11所示为AMD Ryzen Threadripper 1920X处理器。

图2-10　Intel Core i9 7900X处理器

图2-11　AMD Ryzen Threadripper 1920X处理器

4）网络服务与数据处理应用。很多小型企业和家庭工作室会组建服务器，为用户提供各种网络后台资源服务，这就需要采用服务器级CPU，以保障网络系统的稳定、高效与安全运行。

这类用户可选择Intel Xeon（至强）系列和AMD Opteron（皓龙）/EPYC（霄龙）系列等型号，其中Xeon E5 4669 v4（22核心/44线程）、Xeon E7 8894 v4（24核心/48线程）等是Intel Xeon家族的代表性产品。AMD则推出了全新的EPYC 7500/7600旗舰级处理器，拥有高达32核心/64线程、32GB HBM2显存与64MB三级缓存的超高性能，能很好地支撑在线海量数据的运算要求。

图2-12所示为Intel顶级的Xeon E7 8890 v4处理器，内置24核心/48线程及60MB三级缓存；图2-13所示为AMD EPYC高性能服务器级处理器，拥有32核心/64线程、32GB HBM2显存与64MB三级缓存的超高性能。

图2-12　Intel Xeon E7 8890 v4处理器

图2-13　AMD EPYC高性能处理器

【知识链接】

Intel Xeon E3和E5系列处理器也可以应用在PC平台中，用来搭建高性能的娱乐型或设计型计算机，对于运行次世代游戏、VR/AR仿真类游戏，或者进行3D复杂建模、大型游戏开发、工程建筑设计、影视合成渲染等专业性工作非常合适。

（2）选购指南2　区分不同的接口类型

接口是CPU与主板连接的通道，不同品牌的CPU，或同种品牌但型号不同的CPU在接口类型上也会有所差别。

目前Intel主流的接口类型有LGA 1150、LGA 1151、LGA 2011、LGA 2066等，

AMD 常见的接口类型有 Socket FM1/FM2/FM2+、Socket AM3/AM3+/AM4 等,以及全新设计的 Socket TR4 (SP3r2) 接口等。

图 2-14 所示为 Intel Core i7 6700K 处理器的接口布局设计,图 2-15 所示为 AMD A12 9800 处理器的接口布局设计。

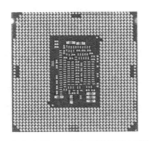
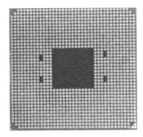

图2-14　Intel Core i7 6700K处理器接口　　　图2-15　AMD A12 9800处理器接口

【知识链接】

> 由于 Intel 与 AMD 的接口互不兼容,因此用户在选购 CPU 时要注意区分接口,尽量选择主流的接口类型,并确保 CPU 与主板的接口类型相匹配。

(3)选购指南3　按需选择盒装与散装处理器

CPU 产品的出厂包装有盒装和散装之分,以方便通过不同的发行渠道进入消费市场。盒装和散装 CPU 均来自同一条生产线,其性能指标、产品质量和制造工艺也完全一样,但它们之间也存在以下一些区别:

1)散装 CPU 没有配套的散热器,需额外购买合适的独立散热器;而盒装 CPU 则带有厂商专门设计的原装散热器,其功率和性能都比较符合该款 CPU 的特点。图 2-16 所示为一款盒装 CPU 所附带的产品部件。

2)在产品质保方面,绝大多数盒装 CPU 可提供较长的原厂保修期(通常为 3 年),这也是众多用户喜欢购买盒装产品的原因之一;而散装 CPU 一般能享受 1 年以上的常规质保期。事实上,CPU 作为高端精密的电子产品,并没有保修的概念,所谓保修就等于是保换,因此不必担心散装 CPU 的质保服务存在水分。图 2-17 所示为散装 CPU 产品。

图2-16　盒装CPU产品附件　　　　　图2-17　散装CPU产品

用户可根据自身需要和购机预算来考虑选用哪种产品。普通消费者直接选择盒装 CPU 产品即可,若是硬件 DIY 爱好者,则可以把选购散装 CPU 当成一次技能锻炼与应用实践。

【实践技能评价】

	检查点	完成情况	出现的问题及解决措施
选购 CPU	上网查找当前 Intel 和 AMD 的主流 CPU 产品	□完成　　□未完成	
	查看教室、机房所用的计算机配置了何种 CPU，并分析该 CPU 的性能水平	□完成　　□未完成	
	观察 CPU 背面印刷区域，并说明你所看到的相关信息	□完成　　□未完成	

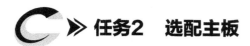

知识巩固与能力提升

1. CPU 的全称是什么？它的基本功能有哪些？

2. CPU 的主要技术参数有哪几个？请分别用一两句话做简要说明。

3. 目前 Intel 和 AMD 都有哪些主流的 CPU 型号？本年度各自推出了何种最新的 CPU 产品？

4. 选购 CPU 要注意哪些问题？

5. 假设你要帮客户购买一台高档游戏型计算机和一台家庭娱乐型计算机，请分别选择一款合适的 CPU 产品，并列出具体的型号、主要性能指标和市场售价。

▶▶ 任务2　选配主板

主板（Mainboard）也称为母版（Motherboard），是一种安装有大量电子元件、插槽和外部接口的计算机配件，也是主机中"身材"最大的部件，往往占据了机箱近半甚至大半的内部空间。图 2-18 所示为一款主板的外观。

1. 主板的基本组成结构

根据各种元件具体的功能类型，一般可将主板的平面区域划分为三大部分：芯片区、插槽区、外部接口区。

（1）芯片区

芯片区包含了决定主板运行性能的芯片及芯片组，主要分为以下几种芯片类型。

1）BIOS 芯片。BOIS（Basic Input/Output System，基本输入 / 输出系统）是主板核心的芯片之一。BIOS 芯片是一块呈正方形或长方形的只读存储器，主要储存计算机最底层的硬件配置信息和指令程序，负责对各种硬件设备进行检测和初始化，如主板开机自检、硬件设备的中断指令等。图 2-19 所示为一款 BIOS 芯片。

图2-18　常见的主板外观

图2-19　BIOS芯片

2）南北桥芯片。南北桥芯片分别指的是南桥芯片与北桥芯片，两者统称为芯片组。芯片组就如同桥梁，把计算机中各种部件和设备连接在一起，构成一个强大的整体，其型号决定了主板的主要性能和大部分功能特性。

北桥芯片一般位于CPU插座与PCI-E插槽之间，主要负责控制和协调CPU、内存、显卡、系统总线等核心部件的数据通信。由于北桥芯片在计算机平台中发挥主导作用，一般直接以北桥芯片的名称来命名主板芯片组。图2-20所示为一款北桥芯片。

南桥芯片大多离PCI插槽或硬盘接口比较近，主要负责管理硬盘、光驱、声卡、网卡、键盘和鼠标等外部设备的正常工作。图2-21所示为一款南桥芯片。

图2-20　北桥芯片

图2-21　南桥芯片

【知识链接】

目前，很多主板厂商在逐步推行单芯片设计模式，即把北桥芯片的部分关键功能集成到CPU内部，由CPU代替北桥芯片来处理数据，并将北桥芯片的其余功能和南桥芯片一起封装成一个独立芯片，这既能提高芯片组的执行效率，又能节省主板空间。

3）集成芯片。主板一般都附带很多具有特定功能的部件，这些部件无须整个安装在主板上，而只须将其关键的芯片元件嵌入主板中，此类芯片统称为集成芯片或板载芯片。常见的集成芯片有集成显卡芯片、集成声卡芯片、集成网卡芯片等几种类型。

图2-22所示为一款集成显卡芯片，图2-23所示为一款集成声卡芯片。

集成芯片提供了具有性价比优势的基本硬件功能，如很多集成声卡芯片已拥有流行的8声道高仿真音效输出性能，而集成网卡芯片则能让计算机具备千兆级高速网络传输功能。目前主板所附带的集成芯片已能满足大多数的计算机操作需要，普通用户可不用再额外购买相关配件，从而节约资金。

图2-22　集成显卡芯片

图2-23　集成声卡芯片

（2）插槽区

插槽用来安插和固定CPU、内存、电源和扩展板卡等重要的部件，是主板和这些部件进行通信的一种通道。常用的主板插槽有以下几种：

1）CPU插槽。CPU插槽是安装CPU的专用位置，又称CPU插座。主板采用的CPU插槽有很多种类，其在形状、插孔的数量和分布方面都有所区别，不同类型的CPU一般不能互插接口。目前主流的CPU接口有针脚式和触点式两种，而插槽也有与之对应的两种类型。

图2-24所示为Intel LGA 1151处理器插槽，图2-25所示为AMD Sochet AM3处理器插槽。

图2-24　Intel LGA 1151处理器插槽

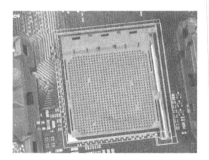

图2-25　AMD Sochet AM3处理器插槽

2）内存插槽。内存插槽是主板中最长的插槽，通常位于CPU插槽的旁边。内存插槽的中间有一个凸状卡口，这是内存插槽最明显的标志，用来区分不同的内存种类，同时可避免因插反方向而导致内存烧毁的风险。大多数主板带有2～4根内存插槽，有些主板则会提供6～8根插槽，以满足大容量内存的安装需要，如图2-26所示。

【知识链接】

主板芯片组通常会提供双通道、三通道或四通道内存技术支持。通过多条内存的并组扩展，能够让内存数据读/写的执行效率翻倍提升，大大提高计算机的运行性能。

3）显卡插槽。显卡插槽一般位于北桥芯片和 PCI 插槽之间，以深棕色、深蓝色、深褐色等颜色标识。主板通常采用 AGP 和 PCI Express 两种显卡插槽规格，其中 AGP 插槽已逐渐被淘汰，PCI Express（PCI-E）是新一代数据总线接口标准，拥有更高的传输速率和传输质量，非常适合超高清画质的传输。

PCI Express 包括 x1、x2、x4、x8、x16 和 x32 等几种传输模式，其中 PCI-E x1 和 PCI-E x16 为目前主流规格，如图 2-27 所示。

图2-26　内存插槽

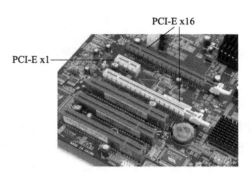

图2-27　PCI-E插槽

4）PCI 插槽。PCI 插槽是主板的功能扩展插槽，位于主板的最下方，以乳白色、蓝色或红色等颜色为主。PCI 插槽可插接声卡、网卡、电视卡、游戏控制卡等众多类型的扩展卡，如图 2-28 所示。

不过由于先天设计上的不足，PCI 接口已不能适应当今主流 I/O 设备（特别是 3D 和 VR 仿真）庞大的数据传输量，其地位也在逐渐被更先进的 PCI-E 接口所取代。

5）SATA 插槽。SATA 是计算机标准的数据传输接口类型，具有接口尺寸小、传输速度快、传输可靠性高、数据线安装方便、支持热插拔等优点，最大传输速率可达 6Gbit/s。目前几乎所有的主板都已实现了对 SATA 3.0 标准的全面支持，如图 2-29 所示。

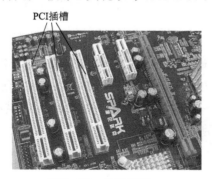

图2-28　PCI插槽

图2-29　主板SATA 3.0插槽

6）电源插槽。电源负责为主机部件提供电能，如图 2-30 所示。目前大多数主板都使用 ATX 标准电源，它提供了 24 芯电源插槽（20PIN+4PIN 模式），并具有防呆防差错结构。也有一些主板采用的是28芯或32芯电源插槽，这样主板就能支持更大功率的电源，安装性能更高的部件。

（3）外部接口区

外部接口也叫I/O背板接口，位于主板的侧面，主要用于连接键盘、鼠标、音箱、显示器、打印机、交换机等外部设备。常见的外部接口有PS/2接口、USB接口、eSATA接口，以及板载显示接口、板载网络接口和板载音频接口等。图2-31所示为主机背板接口区。

图2-30　主板电源插槽

图2-31　主机背板接口区

1）PS/2接口。PS/2接口主要用做鼠标和键盘的专用接口，通常绿色接口用来连接PS/2鼠标，而紫色接口则用来连接PS/2键盘，以防止两者混插，如图2-32所示。有些主板只提供一个鼠标、键盘通用的PS/2接口，这个共享接口的颜色为紫、绿两色并存，如图2-33所示。

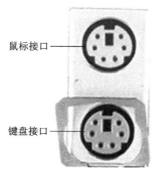

图2-32　板载PS/2接口

图2-33　键盘/鼠标通用接口

2）USB接口。USB接口是广为流行的通用接口类型，支持设备热插拔，最多可同时连接127个外部设备，非常适合可移动式存储设备、智能电视和数码办公设备等电子设备的连接。目前主板已普遍支持USB 3.0接口，并逐步向新式的USB 3.1版本过渡。图2-34所示为一款主板上的6个USB 3.0接口与2个USB 3.1接口。

图2-34　板载USB 3.0与USB 3.1接口

【知识链接】

> 从传输功能上看，USB 接口可分为 Tybe-A 型、Tybe-B 型和 Mini USB 型三种类型，其中 Tybe-A 型接口一般用于计算机主机，Tybe-B 型接口多用于外部 USB 设备，而 Mini USB 型接口在手机、数码照相机、MP3/MP4、随身听等数码电子设备中用得较多。

3）eSATA 接口。eSATA（扩展型 SATA）接口属于 SATA 接口的外置扩展规范，用来连接外部 SATA 设备，其传输速度可达到 3Gbit/s，如图 2-35 所示。

4）板载显示接口。板载显示接口主要用来传输图形图像数据和显像信号，包括传统的 VGA 接口和 DVI、HDMI、Display Port 等高清数字接口等。

①VGA 接口。VGA 接口属于视频专用外部接口，多采用蓝色或黑色的菱形外观，用来连接普通显示器或电视机的 VGA 视频数据线，如图 2-36 所示。

图2-35　板载eSATA接口

图2-36　板载VGA接口

②高清视频接口。DVI、HDMI 和 Display Port 都属于标准的高清数字接口，可传送高质量的视频数据，适合显示和播放高分辨率图片、高清影视格式和 3D 类游戏。图 2-37 所示为板载 DVI 接口，图 2-38 所示为板载 HDMI 与 Display Port 接口。

图2-37　板载DVI接口

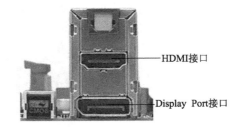
图2-38　板载HDMI与Display Port接口

5）板载网络接口。板载网络（LAN）接口一般与 USB 接口相邻，需连接网线的 RJ45 型水晶头，如图 2-39 所示。当计算机正常联网时，网络接口会闪现橙色或橘黄色的灯光。目前主板大多配备了千兆级网卡芯片，与千兆级交换机或路由器连接可组建高速局域网络。

6）板载音频接口。常见的板载音频接口通常为 3 ~ 6 个，可提供多达 8 声道音效，并以不同颜色或图标来注明各自的功能，包括音频输出接口、麦克风传声接口和音频输入接口这三个基本接口，以及中置或重低音音箱接口、后置环绕音箱接口、侧边环绕音箱接口等扩展接口，以增强音频输出效果。图 2-40 所示为一款板载音频接口。

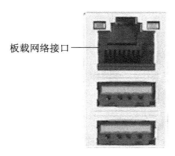

板载网络接口—

图2-39　板载网络接口

图2-40　板载音频接口

2. 主板的常见类型

市场上主板种类有很多，根据结构和尺寸的不同，主板可分为 ATX、Micro ATX 和 Mini ITX 等几种。

（1）ATX 主板　ATX 主板俗称"大板"，是目前最主要的主板设计工业标准，拥有相对开阔的板面空间，能容纳更多的配件插槽和外部接口，整体性能与扩展能力较为优异，耐压性和抗干扰性也都比较强，深受众多注重主板品质与性能的用户所喜爱。图 2-41 所示为一款主流的 ATX 主板。

（2）Micro ATX 主板　Micro ATX（简称 MATX）即"微型 ATX"主板，俗称"小板"，属于一种结构紧凑型主板。通过在 ATX 板型上减少部分 PCI 和内存等插槽的数量，达到缩小主板尺寸之目的，如图 2-42 所示。

图2-41　ATX主板

图2-42　Micro ATX主板

Micro ATX 主板具有尺寸小、集成度好、性价比高等优势，广泛用于各种品牌计算机和大众型 DIY 装机中。对于性能要求不高的消费者来说，Micro ATX 主板是非常经济实惠的，完全能满足日常使用需要。

（3）Mini ITX 主板　Mini ITX（迷你型 ITX）是一种新型主板规格，简称 ITX，如图 2-43 所示。

Mini ITX 的板面更为紧凑，小巧的体积和低耗电量是它的强项，如今已被大量用于车载设备、机顶盒、网络设备以及各种时尚前卫的计算机中。随着迷你型计算设备

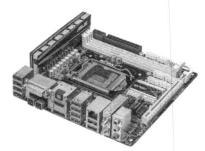

图2-43　Mini ITX主板

的流行，未来 Mini ITX 主板将会具备越来越高的商业价值。

3．主板的选购指南

主板是一种比较复杂的核心部件，拥有众多的附属元件和完善的计算功能。用户在选购时应从计算机的整体需求入手，充分考虑主板可支持的各种重要功能。

（1）确定可支持的 CPU 平台　　CPU 平台是区分主板类型的一个主要标志，在选购主板时要注意与 CPU 平台的搭配。用户可以选择 Intel 平台，也可以选择 AMD 平台，但两者不能混用。另外，选购的主板还应匹配合适的 CPU 型号，不在受支持范围内的 CPU 型号是不能安装使用的。

目前常用的 CPU 插槽类型有 Intel 平台的 LGA 1150、LGA 1151、LGA 1155、LGA 2011、LGA 2066，以及 AMD 平台的 Socket FM1、FM2、FM2+、AM3、AM3+、AM4 和 Socket TR4（SP3r2）等，用户应根据 CPU 的具体接口规格来选择对应的主板类型。

图 2-44 所示为 Intel 第六代 Core i7 的 LGA 1151 接口；图 2-45 所示为一款主板上支持 LGA 1151 规格的 CPU 插槽。

图2-44　Core i7 LGA 1151接口　　　　图2-45　支持LGA 1151接口的插槽

（2）选择可支持的芯片组　　芯片组是主板的核心部件，决定了一款主板的类型与档次。但不同品牌、不同型号的芯片组所提供的硬件支持功能却是有区别的。Intel 和 AMD 都推出了种类丰富的主板芯片组，涵盖了入门级、主流级、旗舰级和顶配级型号，在家用、商用和游戏类市场中的功能定位都很明确。

Intel 常用的芯片组型号有 H87、H170、H370、B85、B250、B360、Q250、Q370、Z97、Z170、Z270、Z370、X79、X99、X299、C608、C624 等。其中，H 系列面向普通个人用户，B 系列面向企业和商务用户，Q、Z 系列面向主流娱乐用户，X 系列面向高端运算及发烧级用户，C 系列面向服务器、工作站、嵌入式设备及数据中心集群平台。

AMD 常用的芯片组型号包括 A68H、A85X、A88X、A300、A320、990X、990FX、B350、B450、X370、X399、X470 等。其中，800/900/A80/A60 系列面向入门级计算应用，A300/B300/B400 系列面向主流计算应用，X300/X400 系列面向高性能与发烧级计算应用。

（3）确定可支持的内存　要为一款主板搭配合适的内存，就需要确定这款主板所支持的内存类型、频率范围、内存插槽的数量和最大支持的内存容量。目前大多数主板已逐步转向支持 DDR4 内存，最大内存容量可达 128GB，内存频率通常在 3000MHz 以上。

此外，用户也可以采用两根或三根 8GB 内存搭建双通道或三通道内存组合模式。内存容量和频率的提升对于流畅运行 3D 游戏、多媒体设计等大型软件是很有帮助的。

（4）确定可支持的独立显卡　在 3D/VR 效果缤纷多彩的今天，消费者对主板的显示支持能力也提出了更高的要求，PCI-E 接口标准和支持 PCI-E 的显卡已成为主流。用户应充分考虑主板对独显的支持功能，如支持的 PCI-E 版本、PCI-E 的插槽数量与型号，以及多显卡交火组合模式等。

（5）确定可支持的集成设备　得益于芯片组技术的革新，大多数主板都提供了种类齐全、功能完善、质量较好的集成设备芯片，如 8 声道仿真音效芯片、千兆级网络芯片、RAID 阵列控制芯片以及高清集显芯片等，有些主板还带有 WiFi 无线网络芯片和蓝牙芯片。这些板载芯片一般都能满足日常应用需要，可为用户节省资金。

（6）了解主板的品牌特点　由于 PC 主板的制造门槛相对较低，众多厂商参与其中，目前主板市场已形成了群雄并据的局面，其中处于一线地位的有华硕（ASUS）、技嘉（GIGABYTE）、微星（MSI）等几大厂商。这些品牌历史悠久，拥有强大的自主研发实力与制造核心技术，材料、质量、工艺和品管都过硬，产品推新与技术升级速度也很快，在主板市场特别是中高端用户群里拥有极高的认可度。图 2-46 ~ 图 2-48 所示分别为华硕、技嘉科技、微星科技三大主板厂商的 Logo 标识。

图2-46　华硕Logo　　　　　图2-47　技嘉科技Logo　　　　　图2-48　微星科技Logo

除此之外，映泰、升技、磐正、精英、梅捷、钻石、富士康等众多品牌也有不俗的实力，在名气上虽不及三大巨头，但品质并不逊色太多，并拥有鲜明的产品技术特色和较高的性价比，各种板载功能也比较贴合大众用户的需要，因此广受大众 DIY 消费者的青睐。

（7）明确主板的使用需求　主板的种类与型号非常多，要挑选一款适合自己的主板，就要从实际用途出发，综合考量主板的功能、品牌口碑与保障服务等方面，并兼顾以后的硬件扩充。下面选取三个常见的应用场景，简单说明主板的选购方案。

1）家庭日常应用。对于众多家用计算机来说，上网、观看影视剧、玩普通游戏是最主要的使用需求，因此"实惠好用"依旧是家用型主板的选购方向。一般而言，如果用户对计算机没有特殊的要求，那么购买一款具备基本功能、做工优良、价格适中的主板就可以了，同时在购机预算允许和满足日常所需的前提下，尽量选择扩展性更好的主板，这样可预留出必要的升级空间。

2）企业与商务信息化办公。考虑到信息化办公应用的特点，商业用户往往更为注重主板的综合性能。除了运行效率外，良好的稳定性和安全性、完善的板载集成功能和产品附加值也是商业用户所追求的特性。相反，高端的娱乐应用并非企业办公操作所必需的功能。因此，应该将焦点放在有利于发掘商业潜能的技术因素上。

3）专业设计与游戏娱乐。专业设计师对于图形可视化效果、视频和音频输出的流畅性、视觉特效的粒度化呈现等方面要求较高，而这些同样也是很多游戏玩家所关注的性能表现，因此可选择专业性和功能性较强的主板，同时还要搭配高性能的处理器和独立显卡。

【实践技能评价】

	检查点	完成情况	出现的问题及解决措施
选配主板	上网查找主板的一线品牌及热门型号	□完成　　□未完成	
	能够识别主板的各类主要组成部分	□完成　　□未完成	
	熟悉选购主板的一般方法	□完成　　□未完成	
	上网选择一款家用娱乐型主板和一款高端游戏型主板	□完成　　□未完成	

知识巩固与能力提升

1. 主板包含哪些主要的组成部分？它们分别具有什么功能和作用？
2. 北桥与南桥芯片组有什么区别？何为单一芯片？
3. 选购主板要注意哪些问题？
4. 目前市场上有哪些一线主板品牌？它们各自有什么特点？
5. 家庭用户和游戏玩家怎样选购一款适合自己的主板？

任务3　选配内存

内存（RAM）是计算机最核心的部件之一，负责存储计算机将要执行的程序和指令，对计算机的运行效率和性能发挥起到非常重要的作用。

1. 内存的常见类型

内存主要采用DDR（Double Data Rate SDRAM，双倍速率SDRAM）规格。从诞生至今，DDR内存先后经历了四代技术标准：DDR、DDR2、DDR3和DDR4。

DDR（第一代DDR）和DDR2（第二代DDR）内存已被市场淘汰，现已不再生产。

DDR3（第三代DDR）内存运行性能更高，功耗量和发热量进一步降低，单条内存容量可达 32GB，能很好地满足用户对于大容量内存的使用需求，目前仍在很多计算机中使用。

DDR4（第四代内存）继承了 DDR3 的主要优点，并在此基础上做了很多重要的改进，单条容量高达 128GB，是现在主流的内存类型。不少"发烧友"喜欢将 DDR4 内存与 Core i7/i9 处理器以及 Intel X99/X299 主板相搭配，或者与 AMD Ryzen 处理器及 X399/X470 主板搭配，组建高性能的游戏型计算机。此外，最新一代的 DDR5 内存也将要走进人们的生活中。

图 2-49 所示为一款 DDR3 内存，图 2-50 所示为一款 DDR4 内存。

图2-49　DDR3内存

图2-50　DDR4内存

2. 内存的主要性能指标

内存负责与 CPU 交换数据，可直接影响计算机的运行性能与稳定性，用户在选购内存时应考虑以下几个主要参数：

1）内存容量。容量代表了内存能储存的最大数据量，单位为 GB。容量越大，计算机系统运行的速度就越快。目前单条内存的容量有 4GB、8GB 和 16GB 等多种。对于普通用户来说，可选用 8GB 的内存，而对于需要运行大型软件的用户来说，最好采用大容量的双通道或三通道内存组合。

2）工作频率。工作频率也叫主频，用来表示内存的数据处理速度，单位是 MHz。频率数值越大代表数据存取的速度就越快。DDR3 内存的工作频率大多在 1600 ~ 2666MHz，而 DDR4 内存的工作频率则已轻松突破 3000MHz 关口，最高能达到 4200MHz 以上。

【知识链接】

> 内存实际可用的工作频率取决于主板芯片组的支持上限，内存只能工作在芯片组允许的频率范围之内。

3. 内存的选购指南

内存虽较小，用处却很大，因此对于内存的选择要给予足够的重视。

（1）选购指南 1　了解内存品牌特点

随着内存产业的飞速发展，市面上的内存品牌与产品型号可谓琳琅满目。一线大厂凭借较强的研发能力和高水准的品质工艺引领行业潮流，其核心技术实力、品牌声誉和市场认可度都非常高。下面简单介绍几个内存知名品牌的特点。

1）金士顿内存。金士顿（Kingston）是全球最大的内存条生产商，品牌悠久、声誉卓越、工艺先进，其内存条产品的性价比很高，一直受到众多用户的青睐，已被广泛用在服务器、工作站、工业设备、台式计算机和移动计算设备中。比如，金士顿的骇客神条系列在很多设计工作者、企业用户以及游戏玩家的心中堪称经典。

2）三星内存。三星（Sumsung）内存通常采用三星自有的内存颗粒封装（三星也是全球最大的内存颗粒制造商），具备三星制造的高品质工艺，另外三星内存在产品设计、性能水平和节能环保方面也属一流。金条系列是三星内存家族中具有代表性的产品，在 DIY 组装机与品牌机市场拥有很高的知名度。

3）威刚内存。威刚（ADATA）内存主打红色和黑色基调，大多采用红色散热片和精美的塑料压膜包装。威刚根据不同的用户群有针对性地开发出各具特色的内存产品，其中红色威龙、游戏威龙与万紫千红系列是威刚内存的代表产品，以极佳的超频能力、性价比优势和较强的稳定性在游戏玩家和专业设计用户中拥有很高的人气。

4）宇瞻内存。宇瞻（Apacer）是国内主要的内存模组供应商之一，品牌实力非常雄厚。宇瞻旗下的金牌系列与黑豹系列以追求高稳定性和高兼容性而闻名。ARES 战神系列属于宇瞻的旗舰级内存产品，采用红黑设计基调，凭借优异的性能和突出的超频能力备受游戏用户和 DIY 爱好者的欢迎。

5）芝奇内存。芝奇（G.SKILL）是老牌内存产品制造商，拥有品质好、效能高、超频性能强等特点，主打中高端应用和发烧级游戏娱乐市场。芝奇也是业界高效能存储标准的制定者之一，其内存的超频提升能力尤为显著，曾率先推出超频突破 5000MHz 的顶级 DDR4 内存，并创造了 DDR4 内存的超频记录（5198.2MHz）。

Ripjaws（大钢牙）、Trident（三叉戟）和 Sniper（狙击者）系列是芝奇内存的代表性产品，其中带有 10 种灯效变换控制效果的 Trident Z RGB（幻光戟）系列是芝奇旗舰级 RGB 玩家内存，在游戏竞技用户中颇具人气。

6）海盗船内存。海盗船（CORSAIR）在国内又称为海盗旗，属于高档型的内存品牌，以设计、制造高性能的超频内存而闻名于世。海盗船内存产品做工精良，规格较高，稳定性和超频能力都很优秀，但是价格也相对贵一些。

海盗船的复仇者系列与铂金系列已成为业界高性能内存的代名词，深受专业设计人员、超频爱好者以及游戏发烧友所青睐，在万元级别以上的计算机市场中占有较大的份额。

（2）选购指南 2　明确内存的使用需求

选购内存和选购其他计算机配件一样，都应遵循"按需购买"的原则，能满足自己的实际需要就是合适的。

1）家庭常用娱乐。家用计算机离不开游戏与影视娱乐，但是多媒体应用往往会消耗较多的内存资源。鉴于此，家庭用户可选择游戏类内存产品，如金士顿的骇客神条 / HyperX Savage 系列、威刚的游戏威龙 / 万紫千红系列、宇瞻的黑豹玩家 / 盔甲武士系列、金邦的白金条 / 极光系列等。

图 2-51 所示为威刚 8GB DDR3 2133（游戏威龙双通道）内存，4GB×2 套装，频率为 2133MHz。图 2-52 所示为金士顿骇客神条 FURY 16GB DDR4 2400 内存，8GB×2 套装，频率为 2400MHz，附带自主散热片。

图2-51　威刚游戏威龙8GB DDR3
内存套装

图2-52　金士顿骇客神条FURY 16GB DDR4
内存套装

2）企业办公应用。企业办公计算机多用来处理生产经营管理等工作，对内存的要求并不高，8～16GB内存一般就能满足日常工作需要（如CAD制图、数据处理等）了。金士顿、三星、宇瞻、金邦等老牌厂商在内存的稳定性与可靠性方面积累了深厚的研发和制造经验，有的厂商还推出了办公型内存，这对企业用户来说也是不错的选择。

图2-53所示为宇瞻UDIMM 8GB DDR4 2133内存。图2-54所示为金邦白金条系列8GB DDR3 1600内存，4GB×2套装。

图2-53　宇瞻UDIMM 8GB DDR4内存

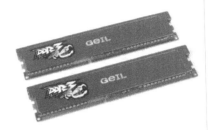

图2-54　金邦白金条8GB DDR3内存套装

3）图形设计与游戏竞技。图形设计（尤其是3D设计与编辑）要求内存能承受较大的数据处理压力，而游戏发烧友则追求内存的运行性能、超频和游戏特效，因此可选用速度快、性能高、稳定性好、做工优良、超频能力突出的高端型内存。三星、海盗船、金士顿、芝奇、威刚、宇瞻等品牌都拥有不少高端型号的内存产品，其中以海盗船的复仇者系列与统治者系列、芝奇的三叉戟系列与狙击者系列尤为经典。

图2-55所示为芝奇Trident Z DDR4 3000内存，16GB容量，8GB×2双通道套装。图2-56所示为海盗船铂金系列DDR4 3000内存，32GB容量，16GB×2双通道套装。

图2-55　芝奇Trident Z 16GB DDR4内存套装

图2-56　海盗船铂金系列DDR4内存套装

【实践技能评价】

	检查点	完成情况	出现的问题及解决措施
选配内存	上网查找一线内存品牌有哪些？各自有什么品牌优势	□完成　　□未完成	
	上网了解内存一线品牌的代表性产品型号	□完成　　□未完成	
	掌握选购内存的基本方法	□完成　　□未完成	
	上网选择一款主流的 8GB DDR3 家用型内存和一款 16GB DDR4 游戏型双通道内存套装	□完成　　□未完成	

知识巩固与能力提升

1. 计算机内存发展至今已历经了几代？
2. 内存主要的性能指标有哪些？
3. 如何选购一款适合家庭娱乐用的内存产品？
4. 上网查找目前市场上 5 个主流的内存品牌，并分别为每个品牌列举一个热门的产品型号。

任务4　选配硬盘

硬盘是计算机最重要也是最常用的存储设备，能够"永久性"地储存各种数据和程序，具有存储容量大、稳定性和安全系数比较高等特点。

1. 硬盘的常见类型

计算机常见的硬盘包括机械硬盘、固态硬盘和混合硬盘等。

1）机械硬盘（HDD）主要由精密机械部件和磁片介质等组成，内部空间处于接近真空的状态，以 3.5in（1in=0.0254m）（英寸）规格为主，是传统硬盘行业的标准规范，如图 2-57 所示。

2）固态硬盘（SSD）是新一代硬盘类型，采用半导体存储模式，主要由控制芯片和存储芯片等组成，大多为 2.5in 规格，如图 2-58 所示。

3）混合硬盘（SSHD）是介于机械硬盘和固态硬盘之间的一种存储设备。其原理是在机械硬盘的基础上加入部分闪存芯片，很好地结合了闪存与硬盘两者的技术优点，如图 2-59 所示。

图2-57 机械硬盘

图2-58 固态硬盘

图2-59 混合硬盘

2. 机械硬盘简介

机械硬盘主要由外壳、控制电路板、盘片、轴承电机、磁头与磁头驱动器几个部分组成。由于结构特殊，机械硬盘的整个盘体必须被严密包裹，使内部各关键组件处在一个高度真空、无尘和稳定的封闭环境中，避免遭受外界的干扰和污染。图 2-60 与图 2-61 所示分别为机械硬盘的外观组成和内部结构。

图2-60 机械硬盘外观组成

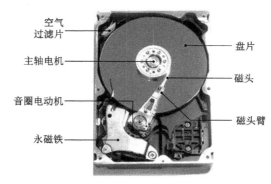
图2-61 机械硬盘内部结构

（1）机械硬盘的常见类型

常见的通用型硬盘有 IDE 和 SATA 两种，此外还有 SCSI、SAS、光纤通道等专用型硬盘。

1）IDE 接口硬盘。IDE 曾是业界标准的硬盘接口类型，但由于传输速率低，数据线安装和拆卸比较麻烦，现已基本被淘汰。图2-62与图2-63所示为IDE接口硬盘和IDE数据线。

图2-62　IDE接口硬盘

图2-63　IDE数据线

2）SATA接口硬盘。SATA又叫串行接口，传输速度快，稳定性好，可支持热插拔。SATA接口经历了SATA1、SATA2、SATA3三代标准，其中SATA3的数据传输速度可达6GB/s，在整体性能和传输可靠性等方面都有了很大的提升，是目前主流的硬盘接口规格。图2-64与图2-65所示分别为SATA接口硬盘和SATA数据线。

图2-64　SATA接口硬盘

图2-65　SATA数据线

3）高速传输硬盘。SCSI、SAS和光纤通道硬盘属于高速传输硬盘类型，拥有传输速度快、数据吞吐量大、可支持热插拔等优势，能满足影视特效渲染、大型游戏制作、大规模云计算等数据处理的需要。不过此类硬盘价格不菲，多用于服务器、工作站等设备。图2-66～图2-68所示分别为SCSI硬盘、SAS硬盘和光纤通道硬盘。

图2-66　SCSI硬盘

图2-67　SAS硬盘

图2-68　光纤通道硬盘

（2）机械硬盘的主要性能指标

影响机械硬盘工作性能的因素有很多，下面介绍几个主要的性能指标：

1）容量。容量用来描述硬盘可存储的最大数据总量，一般以GB或TB为单位。市场上机械硬盘的容量主要有500GB、750GB、1TB、2TB、3TB、4TB、6TB和8TB等。目前，10TB和12TB超大硬盘已开始商用化，而采用新一代核心技术的14TB与15TB硬盘也将推向大众消费市场。

目前，1TB 或 2TB 硬盘已成为 DIY 装机的入门配置，预算资金允许的用户建议选择 3TB 或更大容量的硬盘。

2）单碟容量。每一张盘片所能储存的数据量称为单碟容量。单碟容量在很大程度上决定了硬盘的档次，它不仅可以提升硬盘的总容量，也能增强硬盘运行的稳定性与可靠性。

目前硬盘厂商一般都提供了 500GB、1TB、1.5TB 和 2TB 等几种规格的单碟容量，用户可选用较大的单碟容量。比如，要购买总容量为 1TB 的硬盘，单碟容量选 1TB 为佳。

3）主轴转速。主轴转速是硬盘数据传输率和运转速度的决定性因素之一，单位是转每分（r/min）。转速越快，硬盘读取数据所花的时间就越短，也就能更好地缓解因硬盘反应迟缓而拖慢计算机性能等问题。

常见的硬盘转速有 5400r/min、7200r/min、10000r/min 和 15000r/min 等几档，其中，转速为 7200r/min 的硬盘是大多数用户装机的首选。

4）高速缓存。高速缓存（Cache Memory）是硬盘控制电路板中的一块内存芯片，在硬盘进行存储和传输过程中起到缓冲的作用，具有极高的存取速度，单位为 MB。缓存能大幅度提高硬盘的整体性能，与 CPU 缓存的作用是相似的。

计算机硬盘采用的缓存有 16MB、32MB、64MB、128MB 和 256MB 等，其中 64MB 和 128MB 缓存是目前的主流配置，在价格相差不多的情况下，应选用缓存更大的硬盘。

5）平均寻道时间。平均寻道时间是指电磁头移动到盘片中指定的磁道位置所花费的平均时间，单位是毫秒（ms）。平均寻道时间是衡量硬盘性能的一个重要参数，体现了硬盘的数据读 / 写速度和运转能力，因此这个时间数值越小越好。目前主流硬盘的平均寻道时间通常在 5 ~ 9ms，有些高端硬盘还会降到 3ms 左右。

（3）机械硬盘的品牌与特点

计算机硬件行业中还没有哪种产品像机械硬盘这般富有戏剧性，在 20 世纪 90 年代，市场上曾活跃着希捷、西数、IBM、三星、迈拓、东芝、昆腾、富士通等十余家专业硬盘生产商，如今却只剩下屈指可数的三家主要厂商——希捷、西数和东芝。图 2-69 ~ 图 2-71 所示分别为希捷、西数、东芝三大硬盘品牌 LOGO。

图 2-69　希捷品牌LOGO　　　　图 2-70　西数品牌LOGO　　　　图 2-71　东芝品牌LOGO

下面介绍几大硬盘品牌与其主流产品的特点。

1）希捷硬盘。希捷（Seagate）是硬盘产业的佼佼者，实力非常雄厚，其产品从家用计算机到数据中心的大型服务器都得到了广泛应用，尤其在中高端的台式机硬盘、企业级 SCSI 硬盘、混合硬盘及消费级存储产品等市场上占据着相当重要的地位。

希捷硬盘的代表性产品包括 Barracuda（酷鱼）台式机硬盘、Momentus 笔记本硬盘、

Momentus XT 混合硬盘、FireCuda 高性能快速硬盘、IronWolf 网络高速存储型硬盘、Constellation 服务器级高性能硬盘等多种产品系列。

图 2-72 所示为希捷 Barracuda 3TB 64MB 台式机硬盘，图 2-73 所示为希捷 Barracuda Pro 10TB 消费级高端硬盘。

图2-72　希捷Barracuda 3TB 64MB台式机硬盘　　图2-73　希捷Barracuda Pro 10TB消费级硬盘

2）西数硬盘。西部数据公司（West Digital，WD，简称西数）是全球第二大硬盘生产商，在台式机硬盘、笔记本硬盘及消费级存储市场拥有良好的口碑。西数硬盘以质量过硬、性价比高、低温节能著称，深受 DIY 用户的青睐。

西数硬盘拥有几大核心产品，主要包括鱼子酱（Caviar）系列台式机硬盘、猛禽（Raptor）系列服务器级硬盘、天蝎（Scorpio）系列便携式硬盘等产品。

西数的台式机硬盘产品有一个明显特征，即采用绿、蓝、黑、红、紫、金等不同颜色的标签来区分硬盘的功能用途和销售目标。

①绿盘代表绿色环保型硬盘产品，具有噪音低、功耗小、价格便宜等特点，但性能略低。绿盘转速大多为 5400r/min，适合用作大容量存储，主要面向中低端消费市场。

②蓝盘代表西数的主力型号硬盘产品，性能较强、稳定性好，各方面比较均衡，转速一般为 7200r/min，面向主流计算机市场。

③黑盘代表高端硬盘产品，面向企业级用户、游戏玩家及专业设计用户，其优势在于性能强劲，功耗和故障率都比较低，转速以 7200r/min 为主，缓存可达 128MB 甚至 256MB。

④红盘代表网络型硬盘产品，面向网络存储类设备，注重产品的可靠性、稳定性、低功耗和长时间运行能力，以满足各种规模的网络数据存储需要。

⑤紫盘代表监控级硬盘，主要面向企业或家用视频监控设备，可用于大批量、实时监控数据的存储，拥有较好的稳定性和安全性。

⑥金盘则是西数全新推出的高性能企业级硬盘，面向大规模数据中心与密集型存储设备，可满足大型分布式云计算环境中的海量数据存储要求。

图 2-74 所示为西数 6TB 64MB SATA3 主流蓝盘，图 2-75 所示为西数 12TB 256MB SATA3 高性能金盘。

图2-74　西数6TB 64MB SATA3主流蓝盘　　　图2-75　西数12TB 256MB SATA3高性能金盘

【知识链接】

> 目前西数已将绿盘并入蓝盘产品线，并逐步取消绿盘经典的绿色标签，而统一用蓝色标签来推广。新的蓝盘系列包含5400r/min和7200r/min两种产品规格，两者的区别在于硬盘编号的末尾字母，字母"Z"代表原来的5400r/min绿盘，字母"X"代表7200r/min蓝盘。

3）日立硬盘。日立硬盘（HGST）前身为日立环球存储科技公司，也是老牌的硬盘生产商，研发实力深厚，以生产笔记本硬盘、台式机硬盘与服务器硬盘见长，虽已被西数并购，但日立硬盘仍保留HGST品牌，并独立生产和销售硬盘产品。HGST的核心产品有Deskstar（桌面之星）台式机硬盘系列、Ultrastar（顶尖之星）服务器级硬盘系列以及Travelstar（旅行之星）Z系列笔记本硬盘等。

图2-76所示为HGST Deskstar 6TB 128MB主流硬盘，图2-77所示为HGST Ultrastar He10 10TB氮气密封式高性能硬盘。

图2-76　HGST Deskstar 6TB 128MB主流硬盘　　图2-77　HGST Ultrastar He10 10TB高性能硬盘

4）东芝硬盘。东芝（TOSHIBA）一直专注于 2.5in 及更小尺寸的笔记本硬盘和消费级电子存储产品的研发和制造，在小尺寸硬盘市场已耕耘多年，加上富士通硬盘业务的并入，东芝在移动存储市场的应用非常广泛，具有很强的行业领导实力。

东芝笔记本硬盘厚度很薄，其 7mm 厚的高性能、轻薄型硬盘非常适合笔记本电脑和超极本使用。此外，东芝在台式机硬盘市场上也占有一定的产品份额。图 2-78 所示为东芝 P300 系列 3TB 64MB 主流台式机硬盘，图 2-79 所示为东芝 1TB 64MB SATA3 笔记本硬盘。

图2-78　东芝P300 3TB 64MB台式机硬盘　　　图2-79　东芝1TB 64MB SATA3笔记本硬盘

3. 固态硬盘简介

固态硬盘的构造比较简单，主要由 PCB（印制电路板）、主控芯片、缓存芯片以及用于存储数据的闪存颗粒等几类部件组成。图 2-80 所示为一款固态硬盘的内部结构。

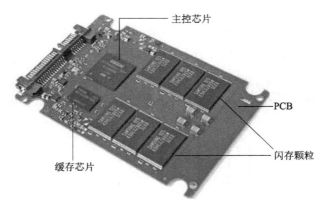

图2-80　固态硬盘的内部结构

（1）固态硬盘的常见类型

根据尺寸设计与接口类型的不同，固态硬盘可分为 SATA、mSATA、PCI-E 和 M.2 等几种。

和机械硬盘一样，SATA 也是固态硬盘最常见的接口类型，目前采用 SATA 3.0 规格的固态硬盘已得到大范围推广。

mSATA（mini-SATA）是国际 SATA 协会开发的一种新型 SATA 接口规范，提供了和 SATA 一样的速度与可靠性，主要应用在商务本、超极本等注重小型化与便携性的笔记本电脑中。

PCI-E 接口可提供更大的传输带宽和数据容量，以及更高的运行性能，能够充分发挥固态硬盘的潜能。随着价格的下降，近几年 PCI-E 固态硬盘也开始在主流消费市场流行起来。

M.2 原来是为超极本设计的新一代接口标准，进一步缩小了尺寸规格，可同时支持 SATA 和 PCI-E 接口，传输性能也得到显著提升，并支持新的 NVMe 标准，因此很多主流主板都预留了 M.2 接口。

（2）固态硬盘的性能指标

固态硬盘的性能表现由多种因素所决定，主要包括主控芯片、闪存芯片、容量、缓存以及 4K 随机读／写性能等方面。

1）主控芯片。它是一种处理器，就如同固态硬盘的心脏，直接决定固态硬盘的运行性能与工作方式。目前市场上一线主控芯片品牌有迈威科技（Marvell）、SandForce、三星和智微（Jmicron）等。

2）闪存芯片。它是固态硬盘的存储介质，决定了固态硬盘的存储能力和使用寿命。闪存芯片又分为 SLC（单层）、MLC（双层）、TLC（三层）等几种规格。闪存芯片的层数越少，意味着固态硬盘的性能越好，使用寿命越长，但相应地价格也就越贵。

3）固态硬盘。其容量有 64GB、128GB、256GB、480GB、500GB、512GB、1TB、2TB、4TB 等多种，并向着更高档次的 8TB 容量迈进。但由于大容量固态硬盘的价格还很贵，从经济性和实用性角度来看，128～256GB 的容量区间应该是比较适合大众消费用途的，而主流应用人群可选用 500GB 以上的固态硬盘。

4）缓存。由于设计原理和工作机制不同，固态硬盘的缓存普遍比机械硬盘的缓存更大，一般都在 128MB 以上，256MB 和 512MB 缓存已逐渐成为市场主流，有些性能较高的大容量固态硬盘甚至还拥有 1GB 以上的缓存。

5）4K 随机读／写是衡量固态硬盘随机访问性能的关键指标之一，多用于小文件（4K 格式）和分散性数据读／写等场合，一般用 IOPS 表示，即次／s。IOPS 的数值越大，表明固态硬盘进行存取的反应速度就越快。

（3）固态硬盘的主流品牌

固态硬盘市场上品牌众多，产品极为丰富，其中知名度较高的有希捷、浦科特、影驰、Intel、金士顿、闪迪、威刚、三星、美光等，一线大厂在产品质量、运行性能、制造工艺、可靠性和售后服务等方面拥有很强的竞争力。

图 2-81 所示为 Intel 535 SATA3（480GB）固态硬盘，图 2-82 所示为影驰铁甲战将 M.2 2280（240GB）固态硬盘，图 2-83 所示为浦科特 M8PeY PCI-E（1TB）固态硬盘。

图2-81 Intel SATA3接口
固态硬盘

图2-82 影驰M.2接口固态硬盘

图2-83 浦科特PCI-E
接口固态硬盘

4. 硬盘的选购指南

机械硬盘与固态硬盘各有其特点，用户在选购时要综合考虑产品的功能、性价比、品质与售后服务等多方面因素。

（1）家庭娱乐和企业办公用户　家庭和企业办公用户适合选用经济实用型的硬盘。1~2TB的容量一般已经够用，不过随着高清规格的流行，很多用户喜欢储存高清视频（如50GB以上的蓝光电影），因此4~6TB容量的硬盘性价比会更高。

（2）游戏玩家和专业设计用户　游戏娱乐和专业设计通常需要性能较高、寿命更长、稳定性与可靠性更好的硬盘产品。在这方面，希捷Barracuda、HGST主流硬盘、西数的蓝盘与黑盘系列都能很好地满足用户的需要。

（3）移动工作和学习用户　很多职场人士和在校学生都习惯使用笔记本电脑。目前笔记本硬盘以东芝、希捷、西数和HGST等品牌为主，容量主要有500GB、750GB、1TB和2TB不等，转速从5400r/min到7200r/min都有，很多笔记本电脑还搭配有128GB、256GB或512GB固态硬盘，此外消费者还可以选择混合硬盘。

【实践技能评价】

	检查点	完成情况	出现的问题及解决措施
选配硬盘	上网查找常见的硬盘类型及主要特点	□完成　□未完成	
	了解当前一线硬盘品牌的代表性产品	□完成　□未完成	
	掌握选购机械硬盘与固态硬盘的基本方法	□完成　□未完成	
	上网选择一款6TB主流机械硬盘和一款512GB SATA3固态硬盘	□完成　□未完成	

》 知识巩固与能力提升

1. 简述常见的硬盘类型以及各自的特点。
2. 简述机械硬盘与固态硬盘的关键性能参数。

3. 市场上有哪些知名的硬盘品牌，它们都有什么最新的产品？

4. 选购机械硬盘和固态硬盘分别要注意什么问题？

5. 如果你是游戏玩家或 3D 动漫设计师，使用什么样的硬盘比较合适？

》 任务5　选配键盘和鼠标

键盘和鼠标是计算机主要的输入设备，承担了最常用的输入操作，其质量的好坏和操作的舒适程度直接影响了计算机输入的效率，甚至还关系到用户操作时的手部健康，因此对于键盘和鼠标的选择也不能马虎。

1. 认识与选配键盘

键盘（Keyboard）通过敲击按键的方式将字母、数字、符号和功能命令等输入计算机中，实现对计算机的操控。布局设计合理、用料和工艺较好的键盘能充分挖掘用户双手的潜能，有效提高键盘输入的效率，并减轻对手指的压迫力度以及所带来的不适感。

从布局设计上看，键盘通常由主键盘区、F 键功能键盘区、Num 数字辅助键盘区、控制键区等几个部分组成，多功能键盘往往还会增添快捷功能键区，实现静音、备份、关机、杀毒、上网等一键快捷操作功能。键盘的基本外观如图 2-84 所示。

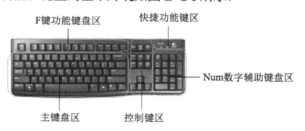

图2-84　键盘的基本外观

（1）常见的键盘类型

键盘的种类有很多，按照不同的方式可划分为以下几种类型：

1）PS/2 和 USB 键盘。PS/2 和 USB 是键盘主要的接口类型。PS/2 为圆形 6 针接口，通常以紫色标示，须插在主板对应的 PS/2 接口中，如图 2-85 所示。USB 是通用的即插即用接口，具有支持热插拔和兼容性强等特点，可广泛用在各种计算设备上，如图 2-86 所示。

图2-85　键盘PS/2接口　　　　　图2-86　键盘USB接口

2）有线键盘和无线键盘。有线键盘通过数据线连接到计算机，无线键盘则省去了连接数据线的麻烦,通过 USB 收发器来完成无线信号的传送,有效传输距离一般为 5m 左右。图 2-87 所示为一款无线触控键盘。

3）标准键盘和多媒体键盘。标准键盘通常采用 102 键、104 键或 107 键等几种设计规范,其中包含 2 个系统菜单键和 1 个右键菜单键。有些键盘还加入了"睡眠""唤醒""开 / 关机"三个电源管理功能按键,用户可通过键盘直接进行开 / 关机操作。

多媒体键盘则额外增加若干多媒体应用功能键,可实现一键影音播放、调节音量、访问网页、启动应用软件等功能。图 2-88 所示为一款多媒体游戏键盘。

图2-87　无线触控键盘

图2-88　多媒体游戏键盘

4）其他键盘类型。市面上还有一些颇具特色的键盘产品,如人体工程学键盘和背光键盘。人体工程学键盘由微软公司发明,它根据人体生理结构特点设计,将键盘的左手键区和右手键区这两大板块左右分开,并形成一定的角度,能让用户的双手、肩部和颈部处于一种相对自然放松的状态,缓解由于长时间操作键盘而导致的疲劳。图 2-89 所示为一款微软人体工程学键盘。

背光键盘也叫夜光键盘,其主要特点是键盘的按键或面板会发光,在夜晚光线很暗的环境下也能看清键盘上的字母和符号,从而提高键盘操作效率和按键的准确率。背光键盘的设计比较时尚美观,非常适用于经常在夜间使用计算机的用户（特别是游戏爱好者）。图 2-90 所示为一款背光型游戏键盘。

图2-89　微软人体工程学键盘

图2-90　背光型游戏键盘

（2）键盘选购指南

市场上的键盘种类千差万别,如何选购一款外观上让人心仪,操作上也能得心应手的键盘,应注意以下几项：

1）查看键盘的设计。一款颜色漂亮、外观时尚、布局合理的键盘会为用户的桌面添色不少。优质键盘的面板设计美观,并且在键盘的背面会贴有生产厂商、生产地点和出厂日期等信息。

2）体验键盘的操作手感。要判断一款键盘的手感如何,可用正常的力度按下键盘,感受一下按键的弹性是否适中，按键受力是否均匀，按键弹起是否快速，键帽是否会晃动，按键声音是否较小等。另外，手感良好的键盘能让用户流畅地进行按键输入，不容易导致手指和手腕产生疲劳或疼痛感。

3）观察键盘的做工。键盘的做工质量直接影响键盘的使用寿命，其材质用料的优劣也关乎人体的健康。制作工艺良好的键盘其表面及棱角经过严格的研磨处理，显得比较精致细腻，键盘边缘平整无毛刺，键帽上的字符通常采用激光刻入，而非简单的油墨印刷，字迹非常清晰，耐磨性较好，用手摸上去有凹凸的感觉。

2. 认识与选配鼠标

鼠标（Mouse）是键盘不可或缺的合作伙伴。鼠标的出现使计算机的日常操作更加简单便捷，用户只需轻轻按下手指便能快速完成许多复杂的操作。

（1）鼠标的常见类型

市场上常见的鼠标有以下几类：

1）光电鼠标和激光鼠标。光电鼠标的底部有一个光电感应器，通过红外线散射出的光斑来捕捉鼠标的脉冲信号，是目前最常用的鼠标类型，如图2-91所示。激光鼠标采用激光来代替红光LED，由于激光束的高度集中性，因此激光鼠标拥有更高的精度和灵敏度，如图2-92所示。

图2-91　光电鼠标

图2-92　激光鼠标

2）PS/2鼠标和USB鼠标。和键盘一样，鼠标也分为PS/2接口和USB接口，不过PS/2鼠标一般以青色来标识，以防止和PS/2键盘混插。USB鼠标分为USB有线鼠标和USB无线鼠标，可插在计算机的任何USB接口上，与键盘的使用方法相同。图2-93～图2-95所示分别为PS/2鼠标、USB有线鼠标和USB无线鼠标。

图2-93　PS/2鼠标

图2-94　USB有线鼠标

图2-95　USB无线鼠标

3）三键鼠标和多键鼠标。三键鼠标有左、右键和一个滚轮或中键，在很多程序应用中能起到事半功倍的作用，如图 2-96 所示。例如，在浏览网页或编辑 Office 文档时可使用滚轮来上下翻页，这样就极大地方便了用户的操作。

多键鼠标除了附带滚轮外，还会增加拇指键、小指键、文字输入键等辅助功能键，支持自定义的按键设置，拥有灵活的程序辅助与输入转换功能，如图 2-97 所示。多键鼠标的总键数有 5 键、7 键、9 键等多种，有的甚至多达 20 键，在游戏设置、办公编辑、代码编写、设计制图等应用操作中可实现很多辅助功能。多键、多功能鼠标将是鼠标未来的设计趋势之一。

图2-96 三键鼠标　　　　　　　　　图2-97 多键鼠标

4）多功能专业鼠标。除了日常操作外，有些用户还会对鼠标提出一些特殊的使用要求，于是便催生了具有专用操作功能的鼠标产品。电子竞技型鼠标就是游戏娱乐行业中的一种专业鼠标。这类鼠标款式较酷，性能较强，解析度范围比较大，定位精度和像素水平都非常高，能大大改善游戏竞技的体验感，但是价格也比较贵。图 2-98 所示为两款电子竞技型鼠标。

图2-98 电子竞技型鼠标

（2）鼠标选购指南

鼠标虽小，但作用很大。设计和品质优良的鼠标不仅能有效提高工作效率，也能减缓长时间使用鼠标所带来的手部疲劳。用户在选购鼠标时要考虑以下几个方面：

1）了解鼠标的分辨率。分辨率是衡量鼠标移动精确度的技术指标，分辨率越高，鼠标的精确度就越高。目前主流鼠标的分辨率大多在 1000 点 /in 以上，而电竞类鼠标的分辨率往往会超过 3000 点 /in。因此，很多游戏玩家和专业设计人员会选择高分辨率的鼠标，以提高在游戏操作和设计编辑中鼠标指针的控制精度。

2）体验鼠标操作的手感。用户长时间使用计算机时，鼠标手感的好坏就显得至关重要了。一款优质鼠标往往会从人体工程学角度来设计外形，用户在握住鼠标时手掌感觉放松、舒适，鼠标移动顺畅，按键轻松而有弹性，并且能与手掌面贴合，在长时间操作后手指和手腕关节也不会僵硬疲劳或出现酸痛感。用户在选购鼠标时可先试用一下，尽量让鼠标符合自己的手掌特点。

3）了解鼠标的品牌与售后服务。鼠标行业中比较知名的品牌有双飞燕、罗技、微软、雷蛇、雷柏、多彩、血手幽灵等。一线大厂除了提供 1 年以上质保服务和良好的性能保障外，在操作舒适度以及对人体健康的保护方面也做得比较到位。

【实践技能评价】

	检查点	完成情况	出现的问题及解决措施
选配键盘和鼠标	上网查找键盘和鼠标的热门类型	□完成　□未完成	
	掌握选购键盘和鼠标的方法	□完成　□未完成	
	上网选择一款主流电竞型键盘鼠标和一款家用无线型键盘鼠标	□完成　□未完成	

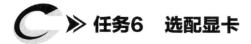
知识巩固与能力提升

1. 键盘和鼠标一般采用什么接口？各自有什么特点与区别？
2. 学校用于实训的键盘和鼠标属于什么类型的产品？
3. 如何选购一款合适的键盘和鼠标？
4. 上网查阅目前家用型、游戏型键盘和鼠标的性能规格和市场价格。

≫ 任务6　选配显卡

显卡（Video Card）也叫显示适配器，是计算机的核心部件之一，负责对计算机中的图形图像数据进行运算与输出，其性能直接影响画面显示的质量和流畅性。图 2-99 所示为两款常见的显卡。

图2-99　常见的显卡

1. 显卡的基本组成结构

显卡主要由印制电路板、图形处理芯片、显示内存、显示输出端口等部分组成。

（1）印制电路板　印制电路板（PCB）是显卡的基板，由多层树脂板压合在一起制成，为显卡提供底层结构支撑，并在上面安装芯片、电容、线路等元件。

【知识链接】

> 印制电路板是构成各种板卡产品的基础部件，在计算机、手机、办公设备、网络设备、工控仪器和其他电子设备中被广泛应用。

（2）图形处理芯片　图形处理芯片（GPU）是显卡运行的"心脏"，主要负责与图形图像有关的数据处理，包括像素的颜色、深度、亮度等复杂数值运算。图形处理芯片直接决定了一款显卡的档次高低与关键性能表现。图2-100所示为一款GPU芯片。

（3）显示内存　显示内存简称显存，属于显卡专用的内存部件，用来储存GPU芯片将要处理的图形数据，它与计算机内存的作用相似。显存对于显卡的性能起到非常重要的影响，显存容量越大，显卡运算和处理数据的速度就越快。图2-101所示为一款显卡的显存颗粒。

图2-100　GPU芯片

图2-101　显存颗粒

（4）显示输出接口　显示输出接口是显卡与外部显示设备进行数据传输的接口，常用的有VGA接口、S-Video接口、DVI接口、HDMI接口和Display Port等。图2-102所示为两款不同显卡的外接口。

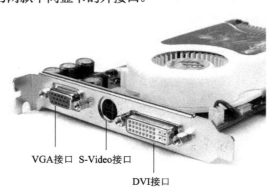

VGA接口　S-Video接口

DVI接口

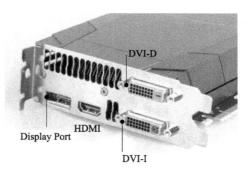

DVI-D

Display Port

HDMI

DVI-I

图2-102　显卡外接口

1）VGA接口。VGA（视频图形接口）曾是标准的视频输出接口，广泛用于各种显示设备，但由于显示带宽的限制，VGA 接口输出的图像质量不高，已不能适应当前高清显示的需要。

2）S-Video 接口用于液晶电视画面信号的传输。它除了能将计算机的视频数据输出到外部显示设备外，也支持将电视机、数字光碟播放机（DVD Player）、录像机等设备的视频数据输入计算机中。

3）DVI 接口。DVI（数字视频接口）可连接 LCD 显示器、高清电视机、数字光碟播放机（DVD Player）和投影仪等显示设备。DVI 接口的传输速度更快，画面更清晰，色彩也更纯净和更逼真。

4）HDMI 接口。HDMI（高清晰度多媒体接口）是目前标准的数字化音视频接口技术，可传输未经压缩的高清视频和多声道音频数据，足可应付 1080p 视频和 8 声道音频信号的播放环境，可用于各种高清机顶盒、数字光碟播放机、高清显示器与高清数字电视。

5）Display Port。Display Port 是一种功能更强、带宽更高、兼容性更好的新型高清数字视频接口，可连接各类高清显示设备，并向下兼容 HDMI 标准。Display Port 技术是完全开放授权、可免费使用的，大大降低了显示设备的制造与推广成本，商业应用前景非常广阔。

2. 显卡的主要类型

显卡主要分为集成显卡（集显）和独立显卡（独显）两种。

集成显卡将显存颗粒、元件以及相关电路都嵌入在主板上，而显示芯片则大多集成在北桥芯片中。集成显卡的功耗低、发热量小，有些集显的性能还能媲美入门级或中档的独立显卡。但集显需占用一定的系统内存，且无法进行单独更换。

独立显卡则自成一体，作为一块独立的板卡产品存在。独立显卡无须占用系统内存，比集成显卡拥有更好的运算性能和显示效果，硬件升级也比较方便。但是其功耗和发热量较大，且好的独立显卡售价也不菲。

3. 显卡的主要性能指标

决定显卡性能的因素有图形处理器（GPU）芯片、核心位宽、显存类型、显存频率、显存容量、显存位宽、显示总线接口和最大分辨率等。下面简单介绍几个主要的性能参数。

（1）GPU 芯片

NVIDIA（英伟达）和 AMD（超微）是全球主要的专业级独立 GPU 芯片制造商，为各种类型和档次的显卡提供图形处理芯片产品。

1）NVIDIA GPU 芯片型号与特点。NVIDIA 的产品线涵盖了各个行业，其中具有代表性的 GPU 芯片型号包括 GeForce 游戏型 GPU 芯片、GeForce M 移动版 GPU 芯片、Quadro 专业级 GPU 芯片、Tesla 高性能 GPU 芯片等。

NVIDIA 的 GPU 芯片产品分为多种类型，通常以字母和数字来标识不同的档次和性能水平。以 GeForce 产品为例，这个 GPU 芯片家族包含 G、GS、GT、GTS、GTX、RTX、Titan 等几类细分型号。其中，G/GS 代表低端系列产品，GT 代表中端系列产品，GTS 代表主流级系列产品，GTX 代表高端芯片系列型号，RTX 为全新推出的、支持光线追踪技术的高性能游戏芯片产品，而 Titan 则是介于专业绘图显卡与游戏显卡之间的旗舰级芯片。

2）AMD GPU 芯片的型号与特点。AMD 在并购了 GPU 芯片巨头 ATI 之后，以 Radeon 系列芯片为主，重点布局图形加速运算市场，包含以下几种主流型号：Radeon R5/R7 系列主流 GPU 芯片、Radeon R9/RX 电竞级游戏型 GPU 芯片、Radeon Pro Duo 高性能 GPU 芯片、Radeon M/Vega 移动版 GPU 芯片、FirePro 服务器级 GPU 芯片等。

（2）显存类型

显存是显卡的关键部件之一，显存的品质越高，显卡的性能就越优异。目前，显卡通常采用 GDDR5 或 GDDR6 显存。此外，AMD 还联合 SK Hynix（海力士）研发出一种新的显存规格——HBM 显存。它拥有更高的带宽、更低的功耗、更强的扩展性等优点，有望替代 GDDR 而成为下一代显存技术标准。

（3）显存容量

显存容量决定了显卡对图形渲染数据的存储能力，大容量的显存能更好地帮助显卡发挥出性能优势。显卡的显存容量主要有 512MB、1GB、2GB、3GB 和 4GB 等，目前主流显卡大多已采用 4GB 显存，有些高端显卡还配备 6GB 以上的显存。

（4）显存位宽

位宽是显存的一个重要性能参数，单位是 bit。位宽值越大，意味着显卡瞬间吞吐的数据量就越大，显卡的运行性能也就越高。显卡常用的显存位宽有 128bit、256bit、384bit 和 512bit 等规格，很多主流显卡拥有 384bit 以上的显存位宽，而采用 HBM 技术的显卡甚至可以达到 4096bit 的超高位宽。

（5）最大分辨率

最大分辨率是显卡在屏幕上显示像素的最大数量，包含横向分辨率和纵向分辨率。最大分辨率越高，图形显像效果就越精密和细腻。目前主流显卡的最大分辨率已达 2560×1600 以上，不少高端显卡还具备 4K 甚至 5K 的超清分辨率。

4. 显卡的选购指南

市面上显卡产品种类众多，不但存在质量与档次之分，在功能上也有较大的区别，用户在选购显卡时应注意以下事项。

（1）选购指南 1　熟悉显卡品牌与产品特点

显卡主要采用 NVIDIA 和 AMD 两家公司的 GPU 芯片产品。在基于特定 GPU 芯片的基础上，各家显卡厂商再进行显卡产品设计、封装和成品制造，因此每个显卡品牌都有自己的特色，但在产品质量和性能上却是参差不齐。知名度较高的显卡品牌有 NVIDIA、七彩虹、昂达、影驰、华硕、技嘉、微星、丽台、讯景、铭瑄、盈通、蓝宝石、索泰、迪兰等。

（2）选购指南 2　明确显卡的使用需求

没有最好的产品，只有最合适的产品。选择显卡务必要遵循"按需"和"量力"的基本原则，立足于满足实际的使用需求，避免不必要的资金浪费。

1）普通家用与企业办公。普通用户一般对显卡性能的追求意愿并不强烈，可选择市面所售的中档产品，如价格在 500～1000 元之间的家用型显卡。另外，目前很多主流 CPU 或主板会附带性能较好的核芯显卡或集成显卡芯片，性价比高，对于家庭和办公用户也是不错的选择。

2）美工编辑与设计类应用。对于专业设计用户而言，显卡是最为关键的部件之一，不仅在性能上要更强大，对色彩还原的准确度和画面的锐利效果等方面也有更高的要求。因此，从事设计职业的用户应选择整体性能更好的性能级或专业型显卡，尽量在合理价位上更大程度地提高工作效率与创作品质。

3）游戏竞技娱乐体验。游戏玩家对显卡的3D加速性能有着更为苛刻的要求，因为显卡的性能越高，游戏的画质就越流畅和细腻，而强大的图形运算能力也使得游戏场景中的细节还原更深入，这就需要选择高端的游戏型或电竞型显卡。

【实践技能评价】

	检查点	完成情况	出现的问题及解决措施
选配显卡	能够识别主流显卡的基本组成结构与性能参数	□完成　　□未完成	
	掌握显卡的选购方法	□完成　　□未完成	
	上网选择一款中档家用游戏型显卡和一款旗舰级高端显卡	□完成　　□未完成	

知识巩固与能力提升

1. 显卡主要由哪几个部分组成？
2. 决定一款显卡性能高低的关键参数指标有哪些？
3. 选购显卡时应注意哪些事项？
4. 上网查找一款主流的家用型游戏显卡和一款发烧级高性能显卡，并对比二者的区别。

任务7　选配显示器

显示器（Monitor）是计算机最重要的输出设备（Output Device）之一，也是计算机与用户交流的窗口。随着显像技术的不断发展，显示器的种类越来越丰富，尺寸更薄，功能更多，视觉效果也更加强大。

1. 显示器的常见类型

常见的显示器包括CRT显示器、LCD显示器、LED显示器、等离子显示器、3D显示器等。

（1）CRT显示器　CRT俗称纯平显示器，曾是使用最广泛的显示器类型，如图2-103所示。但由于机身笨重，功耗较大，且带有一定的辐射，CRT显示器现已不再生产。

（2）LCD 显示器　LCD 也叫液晶显示器，采用液晶控制透光度技术进行色彩显示，如图 2-104 所示。LCD 显示器的机身更薄，工作电压更低，耗电量比 CRT 显示器减少了70%，基本做到不发热。另外，LCD 显示器的画面很柔和，图像品质更高，屏幕不会闪烁，而辐射量也远低于 CRT 显示器，更有利于保护人体健康，已成为当前主流的显示器类型。

（3）LED 显示器　LED（发光二极管）显示器通过控制半导体发光二极管来显示信息，多用于室、内外的影像投放，包括商业广告、政务宣传、市政美化、影视播放等。例如，央视春晚直播现场那流光炫彩般的舞台视觉效果便是由高清 LED 屏幕来展示的。图 2-105 所示为一款 LED 显示器。

图2-103　CRT显示器　　　　图2-104　LCD显示器　　　　图2-105　LED显示器

（4）PDP 显示器　PDP（等离子）显示器是继 LCD 和 LED 之后的新一代显示器类型，拥有机身纤薄、分辨率超高、图像高度仿真、显像清晰度极佳等优势，不仅可以很方便地挂在墙壁上，并且支持大幅面超宽视角和均匀平滑成像，有效消除屏幕边缘的扭曲现象，从而实现较为理想的纯平面图像显示效果。图 2-106 所示为一款 PDP 显示器。

（5）3D 显示器　3D 显示器是一种特殊的高端显示器，以能够实现三维立体画面成像而著称，如图 2-107 所示。随着 3D 电影和 3D 游戏的流行，3D 显示器也开始走进大众消费市场，让消费者足不出户就能在家体验 3D 多媒体娱乐效果。

图2-106　PDP显示器　　　　　图2-107　3D显示器

【知识链接】

　　除此之外，市面上还有 4K/5K 显示器、曲面显示器、广视角显示器、触摸显示器、护眼显示器以及无线显示器等产品类型。这些显示器采用先进的设计与制造技术，在某些方面拥有鲜明的特色，给消费者带来了不一样的视觉欣赏与体验。

2. 认识与选配LCD显示器

下面以 LCD 显示器为例，详细介绍显示器的基础知识。

（1）LCD 显示器的性能指标

LCD 显示器的性能水平主要由以下几种参数指标决定：

1）尺寸。尺寸指的是显示器液晶面板对角线的长度，单位是 in（英寸）。常见的 LCD 显示器尺寸规格有 19in、21in、22in、24in、27in、30in、32in 和 34in 等。

2）屏幕分辨率。分辨率用来衡量屏幕的显示能力和显示精度。每一种尺寸的 LCD 显示器都有其预设的最佳分辨率值，如 19in LCD 的最佳分辨率通常为 1440×900 像素，22in LCD 的最佳分辨率大多为 1680×1050 像素，而 27in 以上的 LCD 屏幕还能达到 4K 甚至 5K 超高清画质。大屏显示器能拥有更高的分辨率，画质更细腻，成像效果也更好。

3）响应时间。响应时间代表了 LCD 显示器各个像素点的反应速度，单位是 ms（毫秒）。响应时间值越小越好，可避免出现"拖影"或"重影"现象，提高画面显示质量。目前 LCD 显示器的响应时间大多在 5ms 以内。

4）亮度。亮度是指屏幕画面的明亮程度，单位是 cd/m^2。从理论上说，亮度越高屏幕画面就越亮丽越清晰。主流 LCD 显示器的亮度大多在 $300cd/m^2$ 左右，这个亮度水平的显示效果相对较好。有些大屏显示器能具备 $400cd/m^2$ 以上的亮度。

【知识链接】

　　LCD 显示器在出厂时一般已设置为 100% 亮度，这样能增强对屏幕画面的直观感，但是过高的亮度也会对眼睛造成不适甚至伤害，用户可根据自己的习惯来调整亮度比例。如果没有特殊需要，最好不要选择亮度太高的显示器。

5）对比度。对比度指的是屏幕上白色与黑色之间亮度层级的比值，与亮度一起作为衡量 LCD 显示器好坏的重要参数，亮度与对比度搭配平衡的显示器才能呈现出较为美观的画质。

对比度分为静态对比度和动态对比度，使用最多的是动态对比度。LCD 显示器的静态对比度大多在 1000：1 以上，而动态对比度可达 50000000：1。

6）屏幕比例。显示器屏幕宽度和高度的比例称为屏幕比例。目前 LCD 标准的屏幕比例有 4：3、16：9、16：10、21：9 等，其中后三项屏幕比例属于宽屏规格，更接近黄金分割比，也更适合眼睛的视觉特性，在面对屏幕时能给人更舒适的观赏体验。

（2）LCD 显示器的主流品牌与热门产品

目前 LCD 显示器行业的主流品牌有三星、冠捷（AOC）、LG、飞利浦（Philips）、优派（ViewSonic）、明基（BenQ）、戴尔（Dell）、惠科（HKC）、惠普（HP）等，在质量、工艺、面板材料、外形和功能设计方面都比较科学与人性化，产品时尚新颖，经久耐用，售后质保服务也更加能让人放心。

（3）LCD 显示器选购指南

LCD 显示器市场上品牌众多，尺寸、型号和性能也大有差别。下面介绍几点选购参考事项。

1）量体裁衣，根据用途选购产品。选购显示器要从具体用途来考虑，在平衡实际需要和购买能力的基础上，再去挑选性价比高的产品。

①家用和企业办公用途。家庭和办公用户可选择 20～23in 的主流显示器，它具有不错的性价比优势。这类显示器的常规性能与外部接口也基本配置齐全，可满足用户的日常使用需求。图 2-108 所示为三星 S22F350FH 家用型 LCD 显示器。

②图形设计与多媒体编辑用途。此类设计和编辑用途往往需要一些高端的或专业型显示器，它更为注重分辨率、响应速度、显示品质、功能接口以及外形细节处的用料设计等方面。22～28in 的屏幕更适合图形细节和色彩效果的展现，不少大屏显示器可达到 2K 或 4K 的高清显示标准。图 2-109 所示为华硕 PG348Q 34in LED 广视角曲面显示器，具备 4K 高清标准与 21：9 超宽屏显示效果。

图2-108　三星家用型LCD显示器　　　　图2-109　华硕4K广视角曲面显示器

③游戏娱乐和电子竞技用途。对于普通的游戏爱好者来说，22～26in 的显示器相对更具性价比，而很多电竞玩家则会把目光投向 27in 以上的高端显示器或 3D 显示器。大屏显示器可支持 2560×1440 以上分辨率和 144Hz 超高刷新率，实现 1080p、2K 或 4K 全画质显示效果，无疑能给游戏竞技和高清娱乐带来更加细腻、更具美感的视觉享受。图 2-110 所示为优派 XG2702-GS 27in 广视角电子竞技 LED 显示器。

图2-110　优派27in广视角LED显示器

2）分清特性，液晶面板类型不容小觑。液晶面板是 LCD 显示器最重要的组成部件，直接决定显示器的显示性能与显像画质，并占据一台 LCD 显示器制造成本的 70% 以上。常用的液晶面板有 TN 面板、IPS 面板、PLS 面板和 VA 面板等，每一种液晶面板都有其各自的特性。

相对来说，TN 面板和 PLS 面板工艺比较成熟，灰阶响应速度快，视觉舒适度好，性价比相对较高，适合用于制造大众型 LCD 显示器。IPS 面板和 VA 面板拥有更为出众的色彩真实度、还原准确度和动态画面质量，对于影视游戏娱乐和专业设计使用比较理想，但是价格较高。消费者应根据自己的使用目的来挑选显示器。

3）适应潮流，为数字化生活做准备。如今，大屏显示器已成为市场主流，通常会搭配 DVI、HDMI、Display Port、TV、MHL、Type-C、USB、耳机、音频输出等外部接口，不仅可以连接各种游戏设备（如微软 Xbox 系列游戏机），还能实现电视功能、多媒体语音及视频立体化应用等，适合数字家庭娱乐需要，消费者可考虑选用这些外接媒体功能。

【实践技能评价】

	检查点	完成情况	出现的问题及解决措施
选购显示器	上网查找当前主流显示器的热门类型及其功能特点	□完成　□未完成	
	掌握 LCD 显示器的主要性能参数	□完成　□未完成	
	掌握 LCD 显示器的选购方法	□完成　□未完成	
	上网选择一款 23in 家用型广视角显示器和一款 27in 游戏型 4K 高端显示器	□完成　□未完成	

>> 知识巩固与能力提升

1. 想一想，家庭、教室、实训室、街上或商业大楼顶上的显示屏幕属于哪一种显示器？它们的显示质量如何？

2. LCD 显示器包含哪些主要的性能参数？它们的作用是什么？

3. 选购 LCD 显示器要注意哪些问题？

4. 如果你是一名游戏玩家或者美工设计师，你会选择什么样的显示器？

》 任务8　选配电源和机箱

计算机属于弱电设备，工作电压比较低，需进行转换才能接入市电系统，这一工作主要由电源来完成。机箱为主机部件提供固定支撑和安全保护。因此，选购一款好的电源和机箱，对于保障计算机的正常工作是非常重要的。

1. 认识与选配电源

电源（Power）如同计算机的心脏，为计算机系统提供必需的电能驱动。电源是否足够强劲、稳定与可靠，将直接影响计算机系统的正常运行、使用寿命以及所支持的配件种类。

（1）电源的常见类型

计算机常用的电源有 ATX、Micro ATX 和 BTX 电源等几种。

1）ATX 电源。ATX 电源是目前主流的 PC 电源标准，适用于几乎所有的计算机主板，具有极好的通用性和兼容性。图 2-111 所示为一款 ATX 电源。

2）Micro ATX 电源。Micro ATX 即"微型"ATX 电源，它是 AXT 电源的缩减版，体积和功率都比 ATX 电源有所减少，成本也更低，多用在品牌计算机、工控设备和 OEM 计算设备（OEM 指原型设备制造商，即代工或定制生产）中。图 2-112 所示为一款 Micro ATX 电源。

图2-111　ATX电源

图2-112　Micro ATX电源

3）BTX 电源。BTX 电源是在 ATX 电源的设计规范基础上衍生出来的一种新规格 PC 电源，其工作原理和内部结构都和 ATX 电源相似，且兼容 ATX 技术规范。BTX 电源拥有支持下一代计算机的技术指标，在散热管理、产品尺寸以及噪音控制等方面都能更好地实现平衡。图 2-113 所示为一款 BTX 电源。

（2）电源的性能指标

电源的性能指标直接影响到电源工作时的稳定性、安全性与供电效率，主要包括以下几个方面：

图2-113　BTX电源

1）输出功率。输出功率是电源最主要的性能指标，单位是 W（瓦特）。输出功率代表了电源的动能水平，输出功率越大，电源就越强劲有力，也就能为更多、更高端的计算机配件提供电力支持。电源的输出功率又分为额定功率和峰值功率，在选购电源时一般以额定功率为准。

2）转换效率。市电电流从进入电源到输送给各个部件的过程中会产生一定的损耗，这将导致电能的浪费，因此选购电源要考虑电能的转换效率，这个数值越高越好。设计优良、用料较好的电源能有效提升转换效率（可达 85% 以上），从而减少不必要的电能损耗。

3）静音效果与散热性能。电源对噪音和散热的管控能力取决于风扇的品质与转速。许多优质电源都采用 12cm 或 14cm 大风扇设计以及精良的温控技术，使得风扇能在转速与温度之间达到一个较好的平衡，很好地兼顾了散热和静音的要求。

4）电源的输出接口。ATX 电源通常会附带多种输出接口，包括为主板供电的 20+4pin 或 24+8pin 主接口（含一个 4pin 或 8pin 的 CPU 加强供电接口），为显卡供电的 6pin 或 8pin 接口，以及为主流硬盘和光驱供电的 SATA 接口等。

（3）电源的选购指南

目前电源市场鱼龙混杂，各种电源产品的质量和性能差别很大，消费者在选购电源时应注意以下几个事项：

1）确定合适的功率。电源功率并不是越大就越好，而应该参考 CPU、主板、显卡等主要配件的功耗量，在满足总体功耗需要的基础上，预留出一定的功率余量，以方便将来对主机配件进行升级或扩容。

通常来说，普通用户选择 400～500W 的电源即可，但如果要安装高性能的 CPU 或显卡等配件，或者要连接较多的外部设备，则要依照实际需要来选购功率更大的电源。

2）观察电源的做工。优质电源大多采用镀锌钢板或全铝材料制造外壳，有些高档电源还会使用镀金或镀镍材质，产品做工精细，零部件充足，分量沉厚，抗压性强，不仅外形光泽美观，同时也有利于防锈、防腐、防辐射和迅速散热。

3）查看电源的安全认证。电源产品都应该通过国家或国际安全认证。国内外知名的产品认证有我国的 CCC（中国强制认证）、美国 FCC（联邦通信委员会）和 80Plus（电源换效率的节能标准）、德国 TüV（技术监督协会）、欧盟 CE（欧洲联盟安全合格认证）和 RoHS（欧盟的强制性标准，全称是《关于限制在电子电器设备中使用某些有害成分的指令》）等。

其中，CCC（3C）是我国强制性产品安全认证，明确规定未获 CCC 认证的国内电子产品不得出厂和销售。消费者在选购电源时要注意查看电源铭牌上是否印有 CCC 等认证标志，一般来说，产品通过的认证越多越好。

图 2-114 展示了部分国内外知名的产品安全认证标志。

图2-114　部分知名的产品安全认证标志

4）选择一线品牌与服务。目前市场上知名度较高的电源品牌有航嘉、长城、游戏悍将、先马、金河田、酷冷至尊、鑫谷、昂达、大水牛、海盗船等。质保期从 3 年、5 年到 7 年不等。大品牌的电源在原材料、生产工艺、做工品质、静音效果、稳定性、安全性和售后质保服务方面都做得比较好。

2. 认识与选配机箱

机箱（Chassis）虽然只占据整机价格的较小比例，但却为主板、电源、CPU、内存、硬盘、显卡等重要部件提供基本的安全保障。此外，机箱还能有效屏蔽主机部件发出的电磁辐射，消除各种电磁干扰，保护人们的身体健康。

（1）机箱的常见分类

从结构设计上看，PC 机箱主要可分为 ATX 机箱、Micro ATX 机箱和 Mini-ITX 机箱等几种。

1）ATX 机箱。ATX 机箱是目前普遍使用的机箱结构，支持包括 ATX 主板和 Micro ATX 主板在内的绝大部分主板类型。ATX 机箱设计比较合理，机箱内部空间较大，加强了局部气流输送与排热降温能力。另外，ATX 机箱的扩展插槽与硬盘仓位往往也配备齐全，既方便了主机部件的安装和拆卸，也能预留出足够的硬件扩容空间。

图 2-115 所示为两款主流的 ATX 机箱，图 2-116 所示为两种常见的 ATX 机箱内部空间结构设计。

图2-115　两款主流的ATX机箱外观

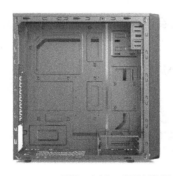

图2-116　两种常见的ATX机箱内部空间结构设计

2）Micro ATX 机箱。Micro ATX（简称 M-ATX）机箱即"微型机箱"，属于 ATX 机箱的简化版，在布局设计上与 ATX 架构基本相同。Micro ATX 机箱体积较小，扩展插槽、硬盘仓位和光驱仓位较少，多用于品牌计算机、工控行业计算机和 OEM 计算设备等。图 2-117 所示为 Micro ATX 机箱及其内部空间结构。

图2-117　Micro ATX机箱及其内部空间结构

3）Mini-ITX 机箱。Mini-ITX 机箱即迷你型机箱，简称 ITX。其机箱体积被进一步压缩，可容纳的部件也更少，但其占用空间很小，使用也比较灵活，主要用在小尺寸、低功耗的计算机平台中，如 HTPC（家庭影院电脑）、高清播放机、工控设备、瘦客户机、便携式计算设备等。图 2-118 所示为两款 Mini-ITX 机箱。

图2-118　Mini-ITX机箱

（2）机箱的选购指南

机箱是主机部件共同的"家"，要选购一款合适的机箱，不仅要看它是否符合用户的实际需求，还要考虑机箱的外观设计、材质用料、工艺质量和扩展能力等多方面因素。

1）满足硬件的安家需要。

① ATX 机箱内部空间充足，不仅能容纳更多、更高端的硬件，同时在设备兼容性和通风散热方面也更为出色，对于注重主机性能和散热要求的用户来说较为理想。

② Micro ATX 机箱虽然内部结构相对紧凑，但由于占用空间较小，价格适中，因此比较适合硬件配置不高的大众消费者。

③ Mini-ITX 机箱以其良好的易用性和兼容性，加上极具个性化的款式设计、简约轻便的机身和精致过硬的做工，已得到众多追求时尚机型的年轻用户所青睐。

2）查看机箱的五金结构。好的机箱往往采用优质电解镀锌钢板、热浸锌钢板或者全铝材质板冲压成型，箱体的五金厚度大多为 0.6 ~ 0.8mm，有些强化钢板还能达到 1mm 以上。这类机箱色泽均匀、手感厚实沉稳、材质坚固、弹性较强，能有效防止箱体因受挤压而弯折变形，在屏蔽电磁辐射、防锈化和防腐蚀方面也都较为出色。

3）检查机箱的做工质量。优质机箱一般都做工精良，机箱表面光滑，边角缝合处经过钝化处理，无毛刺，不划手；内部结构结实稳固，线槽布置、走线孔位、硬件仓位的尺寸和分布，以及散热风扇的数量、进出风位置和空气通道设计都比较合理。

此外，很多主流机箱都采用了电源下置、背部走线、内部黑化等设计方式，更有利于各种线缆的梳理、排列和固定，能使机箱内部冷热空气的流动更为顺畅，有效提升主机散热效果。

4）选择一线品牌的机箱。市场上比较知名的机箱品牌有金河田、航嘉、游戏悍将、长城、大水牛、多彩、鑫谷、先马、至睿、安钛克等。一线厂商出品的机箱拥有较好的做工品质和售后质保服务，也就更能得到用户的信赖。

【实践技能评价】

	检查点	完成情况	出现的问题及解决措施
选配电源和机箱	上网查找当前电源和机箱的热门产品	□完成　　□未完成	
	掌握电源和机箱的选购方法	□完成　　□未完成	
	上网选择一款 600W 的主流游戏型电源，一款 Micro ATX 带侧透效果的游戏机箱	□完成　　□未完成	

知识巩固与能力提升

1. 常见的 PC 电源有哪几类？它们之间有什么区别？
2. 常见的 PC 机箱分为哪几种？哪一种比较时尚？哪一种更适合游戏娱乐？
3. 如何衡量一款电源的性能是否强劲，质量是否过硬？
4. 什么样的机箱比较坚固耐用且防护性好？

任务9　选配音箱

音箱（Speaker）是一种外接型音频输出设备，也是多媒体音响系统的重要组成部分。音箱性能的高低决定了计算机音响系统与多媒体声音的播放效果以及用户所能获得的听觉感受。

1. 音箱的常见类型

音箱的种类有很多，其产品特性与功能用途也不一样。

若按使用场合的不同，音箱可分为家用音箱和专业音箱两大类；若按音频范围的不同，音箱可分为全频带音箱、低音音箱和超低音（低音炮）音箱等几种；若按箱体材质的不同，音箱可分为木质音箱、塑料音箱、金属材质音箱等几种；若按声道数量的不同，音箱可分为 2.0 声道、2.1 声道、4.1 声道、5.1 声道和 7.1 声道音箱等几类。

图 2-119 ~ 图 2-121 所示分别为 2.1 声道塑料音箱、2.0 声道木质音箱和 2.1 声道金属材质音箱。

图2-119　2.1声道塑料音箱　　　图2-120　2.0声道木质音箱　　　图2-121　2.1声道金属材质音箱

2. 音箱的主要性能指标

音箱的性能指标决定了音箱整体的音效表现，主要包括以下几个方面：

（1）播放功率　播放功率是选择音箱的主要参考指标之一，决定了音箱所能发出的最大声强，对于人来说就是能感觉到音箱发出的声音具有多大的震撼力。音箱的播放功率包括额定功率和峰值功率两种标注方法，一般是以额定功率作为选购标准。

（2）信噪比　信噪比是音箱回放的正常声音信号与无信号时噪声功率的比值，用 dB（分贝）表示。信噪比的数值越高，意味着音箱的噪声越小，声音的重放效果就会愈加清晰、干净，也更有层次感。多媒体音箱的信噪比一般不能低于 80dB，低音炮的信噪比要在 70dB 以上。

（3）失真度　音箱的失真度表明声音信号在转换时出现的失真程度。失真度通常以百分数来表示，数值越小说明音箱的音色越佳，声音就越真实。

市面上多媒体音箱一般把失真度控制在 5% 的范围内，品质越好的音箱其失真度就越低。一般来说，选择失真度小于 0.5% 的高保真音箱会比较适合多媒体影音娱乐。

（4）频率响应范围　频率响应（简称频响）范围也是衡量音箱整体性能优劣的一个重要指标，它与音箱的性能和价位有着直接的关系，单位是 dB（分贝）。大多数情况下，优质多媒体音箱的频响偏差值保持在 20 ~ 20 000Hz（+/-0.1dB）的范围内相对合理。

3. 音箱的选购指南

在各类计算机组成设备中，音箱的评估标准是相对比较模糊的。用户在选购音箱时可从看、摸、听三个主观要素入手，测试音箱的品质与播放效果。

（1）查看音箱的外观设计　一款外形流畅顺滑、色泽细腻均匀的音箱首先会给人一种愉悦的观感。在此基础上，用户可观察音箱箱板之间的结合处是否紧密平整，箱体上的标记、图案和花纹是否清晰、端正和精致，调节旋钮、功能键以及插孔位置是否分布合理、便于操作。

（2）考虑房间面积的大小　俗话说"三分器材，七分环境"，空间的大小也会对音箱的播放效果产生很大的影响。若房间面积过小，声音容易变得浑浊沉闷；房间面积太大，音箱的输出功率有可能跟不上。

通常来说，对于 5 ～ 15m² 的房间（如卧室、小客厅或单间房），小功率的 2.1 声道音箱更能体现出低音优势，并能带来不错的输出音质。若有 15 ～ 25m² 的空间面积，那么可选择中高档的 2.0 或 2.1 声道多媒体音箱，这类音箱的输出功率可达 50W 以上，声音失真较小，拥有较好的音乐表现力或游戏震撼力。

（3）适当平衡声道与音效

1）低音效果是消费者购买音箱所关注的焦点之一。2.1 声道音箱由于将大部分成本放在了低音炮上，因此其超低音重放效果更加显著，对于电影观赏和游戏娱乐比较合适。

2）追求高音质体验的用户建议使用 2.0 声道音箱。这类音箱一般用料讲究，做工精细，大多采用木质构造，音质比较细腻，音乐重放效果非常好，在音乐欣赏方面是 2.1 声道音箱所不能比的。

3）需要组建 HTPC 的用户可采用高档的 5.1 声道组合音箱。这种多媒体音箱阵列能使人置身于整个场景的中央，体验到高清电影中万马奔腾的震撼感、飞机低空呼啸而过的尖锐声、恐怖片中令人血液凝固的特效音、恢宏的战争场面中震人心弦的重低音以及 AC-3 或 DTS 悠扬美妙的环绕背景音效。图 2-122 所示为一款 5.1 声道 3D 音效型音箱。

图2-122　5.1声道3D音效型音箱

（4）选择一线音箱品牌　目前市场上主流的音箱品牌有漫步者、惠威、麦博、飞利浦、三诺、索威、兰欣、盈佳、雅马哈等。

【实践技能评价】

	检查点	完成情况	出现的问题及解决措施
选配音箱	上网查找当前音箱的热门类型	□完成　　□未完成	
	掌握音箱的选购方法	□完成　　□未完成	
	上网选择一款 2.0 声道主流音箱，一款游戏型 2.1 声道低音炮音箱	□完成　　□未完成	

≫ 知识巩固与能力提升

1. 塑料音箱和木质音箱各有什么特点？各适合哪些消费者使用？

2. 哪些参数指标会对音箱的整体性能产生重要影响？

3. 音箱采用不同的声道数，在播放效果上有什么区别？

4. 请帮一位爱好时尚和影音娱乐的大学生选择一款合适的音箱。

≫ 职业素养

小霖：王工，这些产品看起来都挺重要的，应该是一般用户装机都需要配置的硬件吧？

王工：没错，这些是计算机的主要配件，不仅直接决定了计算机的运行性能，还影响着计算机的使用体验。正因为如此，除了要选择品质较好的配件，在平常使用中更要注意爱护计算机，用正确的方法来操作和维护计算机，这样才能延长计算机的使用寿命。

小霖：我知道了，再好的计算机也离不开良好的使用习惯！

单元3

▶ 安装计算机软/硬件系统

>> 职业情景创设

　　小霖在听完王工对计算机相关硬件的讲解后，感觉心里存在很多疑问，于是向王工请教。

　　小霖：王工，这些硬件设备形态各异，它们的接口规格也各不相同，安装起来会不会很困难呢？

　　王工：不会的，每一种硬件设备都有其自身的规格特点和安装方法，只要我们掌握了正确的安装要点，细心操作，就能顺利地组装起一台计算机。

　　小霖：组装完成后就要安装软件系统了吧？

　　王工：对，主要包括操作系统和设备驱动程序等软件。

　　小霖：明白了，那我们现在就开始组装计算机吧！

>> 工作任务分析

　　本单元主要学习计算机软/硬件系统安装的相关知识，包括计算机硬件设备的安装与测试、Windows 操作系统与硬件驱动程序的安装等，使用户掌握正确安装计算机硬件与软件所需的各项技能。

>> 知识学习目标

- 了解组装计算机的常用工具与注意事项；
- 掌握硬件安装与测试的基本方法与过程；
- 掌握安装 Windows 操作系统的操作步骤；
- 掌握常用设备驱动程序的安装方法。

>> 技能训练目标

- 能够正确、完整地组装一台计算机；
- 能够对硬件设备进行初始性启动测试；
- 能够用光盘安装 Windows 操作系统；
- 能够安装主要的设备驱动程序。

▶ 实践项目3 安装计算机硬件系统

▶▶ 项目概述

本项目主要讲授计算机硬件组装的基础知识，包括硬件组装的准备工作、注意事项、基本的安装步骤及安装的操作过程等，使学生不仅掌握必要的理论知识，也能够锻炼自主学习和解决问题的能力，同时激发其对计算机的学习兴趣。

▶▶ 项目分析

教师通过对计算机硬件组装过程进行讲解与演示，让学生熟悉组装计算机所需涉及的硬件设备、工具物品、注意问题及操作方法，并能够根据实训条件举一反三，通过小组合作正确、完整地组装一台计算机，同时对实践技能有一个直观的自我评价。

▶▶ 项目准备

本项目需准备一套完整的计算机，包含主机、显示器、键盘、鼠标和音箱等，以及一套常用的计算机硬件组装工具。

▶▶ 任务1　观察计算机的硬件构成

不同种类或不同型号的计算机在硬件构成上可能会存在一些细节上的差别，用户可以先观察用于组装实训的那台计算机，熟悉每个硬件设备和连接线缆的外观特点和型号规格。

准备一台完整的计算机，并进行以下操作：

1）打开主机的侧箱盖，观察主机内部所有配件的外观与安装位置；

2）观察主机所含各种电源线、数据线和信号线的接口与安装方向。

3）观察各类外部设备与主机箱的接口位置。

4）观察鼠标、键盘、显示器、音箱等外部设备的外观及其连接线的特点。

5）了解各个配件的品牌、型号和主要参数，并将这些配件信息记录下来。

【实践技能评价】

	检查点	完成情况	出现的问题及解决措施
观察计算机的硬件构成	熟悉各个主机配件和外部设备的名称及其安装位置	□完成　□未完成	
	熟悉各种连接线的外观特点与接口形状	□完成　□未完成	
	分辨各个配件的品牌、型号和主要参数	□完成　□未完成	

 ≫ 任务2　组装一台完整的计算机

一台完整的计算机包含主机部件和必要的外部设备，需要将这些硬件设备逐个安装完成。下面详细介绍组装计算机的操作过程。

1. 安装前的准备

在组装计算机之前，用户应该做好必要的准备工作，这样才能做到心中有数，使计算机的组装操作得以顺利进行。

（1）准备安装环境　组装计算机时需要一张便于操作的工作台，上面铺上一张泡沫塑料、硬纸板或者光滑的桌布。另外，工作台要保持整洁和干净，不要把无关的物品放在上面，杂乱、拥挤的工作环境会妨碍组装操作的开展。

（2）配备装机工具　组装计算机要使用一些安装工具，常用的装机工具包括螺钉旋具（俗称螺丝刀）、尖嘴钳、镊子、毛刷、导热硅胶、扎带、小器皿、清洁剂等，如图3-1所示。

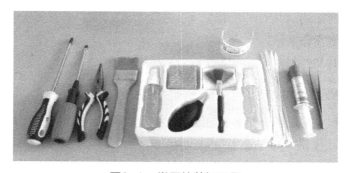

图3-1　常用的装机工具

（3）安装注意事项　在组装过程中，用户要遵守操作规程，并注意以下事项：

1）释放静电。静电乃电子产品的第一杀手，会对精密的集成电路和电子元件造成严重的损害。因此，在进行装机前，用户可通过洗手、触摸地板或金属水管来释放身上携带的静电，也可以戴上防静电手套或防静电手环进行作业。

2）避免带电操作。计算机通电后不要触摸、拔插主机内的配件和线缆，以免损伤配件的接口和电路板。

3）严禁暴力拆装配件。一定要在掌握正确方法的前提下进行安装和拆卸，如果不清楚操作的方法，最好查看说明书或咨询指导教师，严禁使用暴力拆装配件。另外，各种配件要轻拿轻放，特别是 CPU 和硬盘，要避免发生碰撞或猛烈震动。

4）确保安装正确并固定到位。有些配件带有防呆缺口或者防误插倒三角标记，应注意辨认，要对准缺口或标记之后再进行安装。在连接电源线或数据线时，要注意观察线缆的接头特点和安装方向；在安装螺钉前要检查螺钉是否已对准安装位置，不能一味地用力往里面拧。另外，要确保配件的接口或针脚安装到位，避免在安装时出现接口变形或针脚断裂一类的问题。

2. 计算机组装步骤简介

在组装计算机之前，用户应规划好安装步骤，明确每一步要进行的工作，做到胸有成竹，从而一次性地完成整个安装过程。装机步骤并非固定不变的，用户可根据自己的习惯或实训条件做适当的调整。下面列出了常见的装机步骤。

（1）主机安装步骤

第一步：安装机箱和电源。

第二步：安装 CPU 和散热器。

第三步：安装内存。

第四步：安装主板。

第五步：安装硬盘和光驱。

第六步：安装显卡和其他板卡。

第七步：连接并整理主机内的线缆。

（2）外设安装步骤

第一步：连接显示器。

第二步：连接键盘和鼠标。

第三步：连接其他外部设备（如果有）。

3. 准备所需的配件清单

组装一台计算机需要用到一些必要的硬件设备，如果条件允许，则用户还可以准备其他扩展设备。表 3-1 列出了推荐的一般性组装配件清单。

表 3-1 组装所用的基本硬件设备

硬件设备	数量	硬件设备	数量
主板	1 块	显卡	1 块
CPU	1 个	电源	1 个
散热器	1 个	机箱	1 个
内存	1 条	显示器	1 台
硬盘	1 个	键盘	1 个
光驱	1 个	鼠标	1 个

为了能更好地让小霖上手操作，王工特意在店里选取一些当前主流的计算机配件，此类配件能满足家庭和企业用户日常性的应用需要，具有一定的代表性与实用性。这些计算机配件包括：

- 处理器：Intel Core i5 7500 盒装 CPU；
- 主板：华硕 PRIME B250M-PLUS；
- 内存：金士顿 DDR4 2400 4GB；
- 硬盘：西部数据蓝盘 1TB 64MB 7200r/min；
- 显卡：七彩虹 GeForce GTX 750 独立显卡；
- 电源：航嘉 Jumper500 ATX 电源（500W）；
- 显示器：三星 S22D300NY 21.5inLCD。

4. 计算机组装步骤详解

接下来，王工将计算机的硬件组装过程分解成十个主要的操作步骤，并指导小霖动手组装一台完整的计算机。在组装计算机的过程中，王工将对每一个主要步骤所涉及的操作要点与注意事项进行详细的讲解，以便让小霖加深印象，掌握基本操作方法，同时避免出现不必要的故障。

（1）组装第一步　准备机箱，安装电源。

在装机工作伊始，首先要拆开机箱，把电源装进机箱内部，这一步应该在安装其他配件之前完成。有些机箱生产商会将电源预装进机箱中作为配套设备一起销售，但如果用户对电源的性能或品质有更高的要求，也可以单独购买合适的机箱和电源。

机箱和电源的具体安装过程如下：

1）从包装箱中取出机箱以及附送的铜柱、挡板、防尘片等零配件，然后将机箱的背面调转过来，拧下机箱盖上的螺钉，拆开侧盖挡板，如图 3-2 所示。

2）将机箱卧放，左面朝上，先用橡皮筋或扎带把机箱内的线缆收拢并捆扎起来，以免影响后续操作，如图 3-3 所示。

图3-2　拆开机箱的侧盖挡板

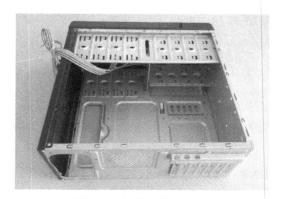

图3-3　捆扎机箱内的线缆

3）拆开电源包装，将风扇排气口朝外，放置到电源安装仓位，确保电源 4 个螺孔都已经和机箱的安装孔位对齐，如图 3-4 所示。

图3-4　对齐电源螺孔位置

4）用一只手固定住电源，另一只手用十字螺钉旋具将 4 颗螺钉拧上。这里要注意，应按照对角线的固定方法来拧紧螺钉，即先安装一条对角线上的两颗螺钉，再拧上另一条对角线上的两颗螺钉，这样就能保证电源安装得稳固，如图 3-5 所示。

图3-5　安装主机电源

5）至此，机箱和电源的准备工作已完成。先把机箱放置一边，下面将要安装其他核心配件。

【知识链接】

　　安装电源时不要一次性把所有螺钉都拧紧，拧螺钉时要先留出一点空隙，以方便调整电源位置。待所有的安装孔都对正后，再依次拧紧 4 颗螺钉。

（2）组装第二步　将 CPU 和散热器安装到主板上。

为方便后续配件的安装操作，通常在把主板装进机箱内部之前，先进行 CPU、散热器以及内存的安装。具体的安装步骤如下：

1）新购买的主板一般会附送一块塑料垫（或泡沫垫），先将主板与塑料垫一起从包装袋中取出，平放在工作台上，如图 3-6 所示。这是为了在安装 CPU、散热器和内存等配件时保护主板上的电子元件和主板背面的针脚不受损坏。如果没有塑料垫，则可以用胶质垫或硬纸板代替。

2）找到主板上的CPU插槽，先取下CPU插槽上方的保护盖，轻轻往下微压用于固定CPU的压杆，同时将压杆向外推开，使其脱离固定卡口，这样便可以顺利将压杆拉起。此时CPU插槽会发生轻微偏移，从而将整个插槽呈现在用户眼前，这表明可以将CPU插入了，如图3-7所示。

图3-6　将主板平放在塑料垫上　　　　　图3-7　拉开压杆便于插入CPU

3）将CPU小心地垂直放入CPU插槽上。在安装时仔细观察CPU的表面，会发现在CPU的某个角上有一个金黄色的小三角形标志，再仔细观察主板上的CPU插槽，同样会发现在插槽的某个角上也有一个小三角形标志，这就是CPU的防误插安装设计。此外，CPU的两侧也各有一个微型的凹状口，分别对应CPU插槽上的凸起位置（校正位），可帮助用户校正CPU的安装方向。

将CPU中带有小三角标志的那个角与CPU插槽上带有小三角标志的那个角对齐，同时对准CPU与插槽上的校正位，然后把CPU轻轻放在插槽上面。由于目前主流CPU大多已取消了传统的针脚，转而全面采用触点设计，因此很容易就可以将CPU平放在插槽中，如图3-8所示。

4）用手指轻轻按压CPU的两侧，确保CPU与主板插槽已完全贴合。

5）待CPU安装到位之后，按照反方向将CPU压杆扣下，这时会听到"咔"的一声轻响，表明压杆已经重新恢复原位，至此CPU已稳妥地安装并固定到主板中，安装过程结束。安装CPU后的效果如图3-9所示。

图3-8　将CPU平放进插槽　　　　　图3-9　安装完成后的CPU

6）在 CPU 的核心区上面（即保护盖一面）均匀涂上一层导热硅胶，但不要涂得太多、太厚，以免硅胶溢出。导热硅胶的主要作用是填充 CPU 表面与散热器底座之间的空隙，并加快 CPU 的排热过程，从而有效增强散热效果。涂抹导热硅胶后的效果如图 3-10 所示。

图3-10　涂抹导热硅胶后的效果

【知识链接】

如果采用的是全新盒装 CPU，厂商会附送一个原装 CPU 散热器，其底部的散热片上已经涂抹有一层导热硅胶，这样就不用再在 CPU 上涂一次硅胶了。而如果使用较旧的 CPU，则建议先将原有的硅胶擦去，再重新涂抹新的硅胶。

7）取出 CPU 配套的散热器，观察散热器的 4 个固定支架以及每个支架上所刻的操作指引。然后找到 CPU 插槽周边的 4 个安装孔，将散热器的固定支架对准相应的安装孔位置，平稳地放置在 CPU 插槽上，如图 3-11 所示。

8）用拇指摁住散热器的其中一个固定支架，将支架底端的凸起部位压进安装孔内，拇指按顺时针方向旋转 90°，即可将该支架安装牢固，如图 3-12 所示。再用同样的方法，分别将其他 3 个支架逐个安装牢固。至此，散热器固定支架就已安装完毕。

图3-11　放置CPU散热器

图3-12　安装散热器支架

9）找到主板上的 CPU 风扇供电接口，将风扇的电源线插入对应的接口中，如图 3-13 所示。仔细观察会发现，CPU 风扇的供电接口也采用了防误插的安装设计，因此安装起来比较方便。这样，CPU 以及散热器就已安装完成了。

（3）组装第三步　安装内存。

这一步是将DDR4内存安装到主板内存插槽中，具体操作过程如下：

1）找到内存插槽（位于CPU插槽旁边），可以发现内存插槽的一端已经固定，而另一端则可以掰动。用拇指将其中一根内存插槽的活动卡脚（也叫扣具）向外侧掰开，使内存条能够插入。掰开后的效果如图3-14所示。

图3-13　插入CPU风扇供电接口　　　　图3-14　掰开内存插槽的活动卡脚

2）仔细观察内存，会发现内存的两侧均有一个用于固定的小型凹槽，而底部金手指区也有一个凹形缺口，这是内存的防呆口，既可以防止用户插反内存，也可以用来区分各代不同的内存类型。将内存底部的凹口对准内存插槽中的隔断位（即凸起部位），如图3-15所示。

图3-15　对准内存防呆口与插槽隔断位

【知识链接】

　　如果使用的是旧的内存，最好先用橡皮擦反复擦拭内存金手指，直到金手指变得光亮洁净再进行安装，以防止金手指发生氧化而导致故障。

3）用双手大拇指同时摁住内存的两端，用力往下压，将内存压进插槽中，直至内存的金手指和内存插槽完全接触，听到"啪"的一声轻响后，内存插槽的卡脚就已自动扣住内存两侧的凹槽，说明内存已经安装到位，如图3-16所示。如果将内存压到底后，内存插槽的活动卡脚仍然不能自动复位，则可用手将其扳回凹槽。

图3-16　将内存压进插槽中

【知识链接】

　　如果主板支持双通道内存模式，则可将两条相同规格的内存分别插到颜色相同的插槽中，即可开启双通道内存功能。同理，如果要使用三通道内存功能，则需要将三条同规格的内存插入相同颜色的三条插槽中。

　　（4）组装第四步　将主板固定在机箱内。

　　固定主板的要点在于精确对准安装孔位，并要细心地安装垫脚铜柱和螺钉。具体操作过程如下：

　　1）观察机箱托板的螺孔，然后取出数量足够的垫脚铜柱（这里需要6颗），分别旋入各个螺孔中，并将其拧紧，如图3-17所示。

　　2）用尖嘴钳把机箱背部I/O扩展区原有的挡片拆卸下来，并将主板配套附送的I/O挡片安装到原挡片位置，如图3-18所示。

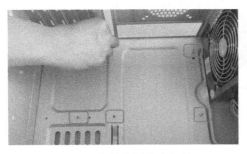

图3-17　安装主板垫脚铜柱

图3-18　安装主板配套的I/O扩展区挡片

　　3）双手平行握住主板的两侧，将主板安放在机箱托板上，比较主板中的固定孔与机箱托板螺孔的位置是否准确对应，如果有偏移，则调整铜柱的位置。在此过程中，要注意将主板的外设接口与机箱背部的I/O扩展挡片对齐，如果主板外设接口全部顶到挡片中对应的位置，则说明主板已经放置就位了。正确放置主板后的效果如图3-19所示。

　　4）将各颗螺钉分别旋入相应的安装孔内，固定好主板，如图3-20所示。在安装主板时也应该采用对角线安装法，即先安装对角线上的两颗螺钉，检查无误之后再依次旋入其余的螺钉。

图3-19　正确放置主板　　　　　图3-20　安装螺钉并固定主板

（5）组装第五步　安装硬盘和光驱。

这一步要安装SATA硬盘和SATA光驱。要注意对准硬盘和光驱的固定孔位，尽量不要一次性将一边的螺钉拧紧，建议先在硬盘或光驱的两侧各安装一颗螺钉，对正后再拧上其余的螺钉，以方便随时调整两侧的安装位置。安装硬盘的具体操作过程如下：

1）将机箱竖立放置，观察硬盘安装仓，可以发现这是一种3.5in驱动器槽，共包含4个固定仓位，每个仓位的两侧都对称分布有几个向内凸出的固定架，这是专门用来托放并固定硬盘的位置，如图3-21所示。

2）拆开硬盘包装袋，将硬盘平托在手上，硬盘背面（即保护壳一面）朝上。选择其中一个固定仓，将硬盘轻轻推入仓位中，直至仓位的尽头，此时硬盘两侧的安装孔与固定仓两侧的安装槽是贴合的。由于硬盘内部的盘片和电子元件非常敏感，因此在推入时一定要小心，避免发生猛烈碰撞。也不能用力塞进仓位里，应尽量保持硬盘的平稳。安装好硬盘的效果如图3-22所示。

图3-21　硬盘安装仓位外观　　　　　图3-22　将硬盘轻轻平推进仓位

3）分别在硬盘仓位两侧的安装孔中拧上螺钉（可拧2颗或4颗），将硬盘固定住。

【知识链接】

> 如需安装第二块硬盘，可用同样的方法将硬盘装进另一个硬盘仓位里，两个仓位之间要确保留出一定的空间，以利于硬盘散热。

这款机箱同样配置了两个带有固定架的光驱安装仓位，不过光驱使用的是5in驱动器槽，它位于硬盘仓位的上方区域，包括一个超薄型光驱仓位和一个传统型光驱仓位。由于本例实训采用传统的SATA光驱，机身相对较厚，因此要将该光驱安装进对应的仓位中。安装光驱的具体操作方法如下：

1）拆掉机箱托架中光驱仓位前面的挡板，将光驱正面朝外，接口端朝内，从机箱外面平推进仓位中，如图3-23所示。

2）检查光驱的安装孔是否与固定仓位的安装槽对齐，若有偏位，可以前后滑动光驱，以便调整到合适的位置。

3）在光驱安装仓位的两侧拧上4颗螺钉，固定好光驱，如图3-24所示。

图3-23　将光驱平推进仓位中

图3-24　给光驱拧上螺钉

（6）组装第六步　安装显卡。

显卡一般安装在AGP或PCI-E插槽上，由于AGP显卡已逐渐被淘汰，这里以PCI-E显卡为例进行介绍。具体操作过程如下：

1）找到主板上的PCI-E插槽，将该插槽所对应的机箱后壳扩充挡板以及螺钉拆掉。由于挡板已经和机箱连在一起，需要先将挡板顶开，再用尖嘴钳将其拔下，如图3-25所示。

图3-25　拔下机箱后壳的扩充挡板

【知识链接】

> 请注意，这些扩充挡板能起到阻挡灰尘进入机箱的作用，因此只要拆掉显卡所对应的那一块挡板即可，而无需将所有挡板全部拆掉。

2）把 PCI-E 插槽的固定扣具向外掰开，将显卡金手指端的凹口对准插槽中的凸起位置，显卡接口端对准挡板的位置，用双手将显卡压入插槽中，如图 3-26 所示。

3）当显卡金手指端完全没入插槽时，固定扣具将会"啪"的一声恢复原位，将显卡扣住，而显卡接口端的金属翼片也会紧贴在挡板的位置，最后拧上螺钉固定住显卡即可。显卡安装完成后的效果如图 3-27 所示。

图3-26　将显卡压入插槽

图3-27　显卡安装完成效果

（7）组装第七步　连接电源线、数据线和前置面板。

机箱内的配件需要连接各自的线缆，其中既有电源线和数据线，也有信号线与控制线。线缆的接口类型和连接方向也有差别，在安装时要注意检查和分辨。

1）连接主板电源线。

①在电源的各种输出线缆中，体积最大的为 24 针主板供电插头，该插头带有一个用来固定的卡勾。先在主板上找到对应的电源线插槽（面积最大且呈长方形），然后用手捏住电源线的供电插头，拇指压下卡勾，使勾端抬起，再对准主板上的电源插槽，慢慢地往下压，当插头完全插入电源插槽时，会发出"啪"的一声轻响，表明已经卡紧插槽，供电插头安装完成。主板供电插头安装完成后的效果如图 3-28 所示。

②在 CPU 插槽旁边找到一个 4 孔的方形插槽，这是 CPU 专用的供电接口，可单独为 CPU 提供充足的电能。与主板供电插头一样，CPU 供电接口也带有一个卡勾，同样也采用了防误插设计。找出 CPU 独立供电接线（4 针电缆），按照主板供电插头的安装方法，压下卡勾，将 CPU 供电插头完全插入插槽中即可。CPU 独立供电插头安装完成后的效果如图 3-29 所示。

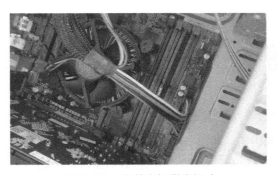

图3-28　安装主板供电插头

图3-29　安装CPU独立供电插头

2）连接硬盘和光驱的线缆。

①找出一根 SATA 数据线，将其中一端插入硬盘的数据接口中，另一端插入主板上的 SATA1 接口（接口旁边印有标识），作为主硬盘设备，如图 3-30 所示。如果还要安装第二块硬盘，则将数据线插入主板的 SATA2 接口。

②在电源输出线缆中找出一根接头扁平的电源线，调整好安装方向，将其插入硬盘的电源接口中，如图 3-31 所示。

图3-30　安装硬盘SATA数据线

图3-31　安装硬盘电源线

③用同样的方法，找到一根扁平的电源线，插入光驱的电源接口中。另外，再拿出一根 SATA 数据线，一头接入光驱的数据接口，另一头则插入主板上的其他 SATA 接口。光驱线缆连接完成后的效果如图 3-32 所示。

3）连接前置面板信号线。机箱前置面板一般设置有控制开关、状态指示灯以及 USB、音频输入 / 输出等外接端口。其内部所用的数据线和信号线也比较复杂，包括电源开关线（POWER SW）、复位开关线（RESET SW）、电源指示灯线（POWER LED）、硬盘指示灯线（H.D.D LED）、扬声器线（AUDIO 或 SPEAKER）和前置 USB 数据线等，如图 3-33 所示。

参照主板说明书的图示信息，找到主板上的前置面板针脚接口区（一般和 SATA 接口处于同一块区域），并仔细观察各个针脚的标识，了解每一个前置接头应该安装的位置。然后从电源开关接头（POWER SW）开始，逐个将这些前置面板线缆接头插接上去。安装完成后的效果如图 3-34 所示。

图3-32　安装光驱电源线与数据线

图3-33　常用的前置面板信号线

图3-34　连接前置面板线缆

【知识链接】

　　不同品牌的主板对前置面板针脚位置的设计可能会有所差别，用户要参照主板说明书及针脚的印刷标识来进行操作，切忌强行插入。通常来说，带有"＋"号标识的为正极，带有"－"号标识的为负极，彩色线缆（如红色或绿色）要接到正极针脚，黑色或白色线缆需接到负极针脚。

　　4）整理机箱内的线缆。机箱内的配件和线缆安装完成之后要整理好机箱内的各种接线，不要让线缆搭在主板、CPU 风扇、显卡风扇或其他板卡上。CPU 风扇周围要尽量清理出较大的空间，这样有利于 CPU 的散热。可用橡皮筋或者扎带将过长的线缆和没有用到的电源线接头收纳、捆扎起来，并放置一边，让机箱内部变得整洁、美观，消除由于凌乱而造成的安全隐患。整理完成的机箱内部线缆如图 3-35 所示。

　　（8）组装第八步　连接显示器。

　　除了老式的 VGA 接口外，主流显示器一般都配备了 DVI 或 HDMI 接口，这些高清视频接口也得到了主流显卡的支持。因此，用户应该选择接口规格相匹配的显卡与显示器，这样才能将显示器连接到显卡中。连接显示器的具体操作方法如下：

图3-35　整理机箱内部线缆

1）找出显示器的数据线插头，将其与显示器背部的视频数据接口以及显卡的显示输出接口进行对比。然后，将一端插入与之对应的显示器数据接口，而另一端则插入相应的显卡输出接口中，再拧紧插头两边的螺钉即可，如图3-36所示。

2）找出显示器配套的电源线，可以看到该款显示器采用了圆形的小孔供电接口。将之插入显示器后部的电源接口（位于数据传输端口的下方），如图3-37所示，再接上专用的稳压器。另一头插到电源排插中。

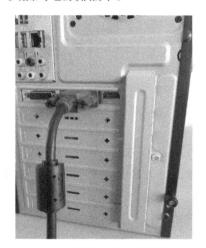

图3-36　将显示器数据线插到显卡接口

图3-37　接入显示器电源线

（9）组装第九步　连接键盘和鼠标。

常用的键盘、鼠标接口分为 PS/2 和 USB 两种规格，其中 PS/2 为圆形插头，必须接到专用的 PS/2 接口，而 USB 鼠标和键盘则可以插入到任意一个 USB 接口中。下面分别介绍 PS/2、USB 和无线型键盘、鼠标的安装方法。

1）找到机箱后部的 PS/2 圆形接口，观察这两个接口的颜色标识，一般来说紫色为键盘接口，绿色为鼠标接口，然后将键盘和鼠标分别插入对应的接口中即可。本例主板采用了目前流行的键、鼠合一的单接口设计，即键盘、鼠标均可插到同一个接口中，但只提供一个 PS/2 接口，这样既可以实现 PS/2 键盘和鼠标的兼容安装，也为主板腾出了一定的空间。

由于 PS/2 接口采用了防误插设计，在安装时要注意将键盘或鼠标插头里的凸出物对准 PS/2 接口里的凹孔，再轻微用力插入，切忌用力强行插入，否则容易扭弯插头中的针脚。在本例中，王工采用一个 PS/2 键盘进行安装，键盘安装完成后的效果如图 3-38 所示。

2）USB 键盘和鼠标的安装非常简单，只需插到机箱后侧的 USB 端口即可。这里采用 USB 型鼠标进行安装，如图 3-39 所示。

3）此外，如果使用无线键盘或无线鼠标，那么要将键盘或鼠标的无线信号收发器插到机箱后部的 USB 接口上。

图3-38　安装PS/2键盘

图3-39　安装USB鼠标

（10）组装第十步　连接多媒体配件。

为了获得良好的多媒体体验效果，需要为计算机配备音箱、耳机、麦克风、摄像头等外接设备，这些设备一般都连接到主板的外部接口区。在本例中，王工将安装一套 2.1 声道低音炮多媒体音箱。

1）对于 2.1 声道低音炮音箱来说，大多需要先将两个高音喇叭的线缆分别接入主音箱后面 Output（输出区）的 L（左）和 R（右）端口中。观察本例所用的音箱，发现该音箱的两个附属喇叭已连接并固定到音箱主机中，因此不需要再额外进行安装操作，如图 3-40 所示。另外，该音箱还附带有两个外接线缆接头（绿色和黑色）。

2）观察机箱后部的主板集成声卡接口区，可以看到该款集成声卡共提供有 6 个外接端口，包括音频输入端口、音频输出端口、麦克风端口、耳机端口、高清音频输出端口等。将音频连接线的一头插入到主板对应的音频输出端口，该音频连接线的另一头已固定在音箱后部 Input（输入区）端口区，如图 3-41 所示。另外，如果使用耳机听音乐，也只需将耳机的线缆接头直接插到绿色的音频输出端口即可。

3）除了音频设备外，如果用户还需使用麦克风，则要将麦克风的连接线插到如图 3-39 所示的音频接口区中粉红色的 Mic（或 Micphone）端口。而如果要使用带声音录入的摄像头，则要先将摄像头固定好位置，再分别把连接线接入机箱后部的 USB 接口或音频输入端口中。

图3-40　音箱、附属喇叭与线缆接头外观

图3-41　插入音频连接线

实训　组装一台计算机

在本实训中，用户需要自行动手安装一台计算机，并对操作过程与安装效果进行记录和评价。

【操作步骤】

将检查过的计算机拆卸下来，然后放置在工作台上，各种配件、线缆与外设分类摆放整齐，安装工具与其他辅助物品则放置一边。在任课老师的指导下，结合实际的安装实训条件，参照上述组装步骤，将所有配件与设备组装成一台计算机。

在组装过程中，应仔细观察各种配件设备与线缆的特点，注意安装方法与操作力度，切忌强行安装。每安装完一个步骤最好进行一次小结，并填好实践技能评价表。如有不确定或存在疑问的地方应随时请教任课老师，或者在小组内相互讨论。

【实践技能评价】

组装步骤	检查点	完成情况		出现的问题及解决措施
组装第一步	机箱附带的零配件是否齐全？	□完成	□未完成	
	机箱各块挡板是否已拆卸？	□完成	□未完成	
	电源的 4 颗螺钉是否已全部拧紧？	□完成	□未完成	
	机箱内的各种线缆是否已收纳整理？	□完成	□未完成	
组装第二步	CPU 是否已紧密贴合在插槽上？	□完成	□未完成	
	CPU 的小三角标志是否与插槽吻合？	□完成	□未完成	
	CPU 保护盖一面是否均匀涂抹有硅胶？	□完成	□未完成	
	散热器是否完全平压着 CPU 的背面？	□完成	□未完成	
	散热器两边的扣具是否已安装牢固？（方形散热器为扣具。）	□完成	□未完成	

（续）

组装步骤	检查点	完成情况		出现的问题及解决措施
组装第三步	内存插槽一端的卡脚是否已完全复位？	□完成	□未完成	
	内存的金手指是否有划伤或其他损伤？	□完成	□未完成	
	双通道内存是否已插入到对应的插槽中？	□完成	□未完成	
组装第四步	机箱托板上是否已全部安装了垫脚铜柱？	□完成	□未完成	
	主板的所有安装孔是否都已拧紧了螺钉？	□完成	□未完成	
	主板背面线路是否与托板形成"接地"？	□完成	□未完成	
	主板是否已经整体安装到位？	□完成	□未完成	
组装第五步	硬盘和光驱的安装方向是否正确？	□完成	□未完成	
	硬盘的螺钉是否有松动或缺失？	□完成	□未完成	
	硬盘和光驱的安装位置能否保证散热效果？	□完成	□未完成	
组装第六步	显卡安装时有没有混插？	□完成	□未完成	
	显卡或声卡是否完全安装、固定到位？	□完成	□未完成	
	显卡或声卡是否已拧紧螺钉？	□完成	□未完成	
组装第七步	主板供电线和 CPU 供电线是否已安装牢固？	□完成	□未完成	
	硬盘和光驱的线缆是否已连接正确？	□完成	□未完成	
	前置面板的各条线缆是否都已正确安装？	□完成	□未完成	
	机箱内的线缆是否已经整理完成？	□完成	□未完成	
组装第八步	显示器数据线插头两边的螺钉是否已经拧紧？	□完成	□未完成	
	显示器的电源线是否已连接牢固？	□完成	□未完成	
组装第九步	键盘和鼠标是否正确插到对应的接口中？	□完成	□未完成	
	键盘和鼠标的针脚是否发生弯曲？	□完成	□未完成	
组装第十步	音箱的连接线是否插到音频输出端口？	□完成	□未完成	
	音箱喇叭的接线顺序是否正确？	□完成	□未完成	

5. 记录安装所用的配件信息

在完成计算机组装操作后，将本次组装实训所用到的配件设备以及相关的品牌型号与参数信息记录下来，见表3-2。

表 3-2　计算机组装所用配件设备记录表

CPU		独立显卡（如果有）		电　源	
品牌及型号		品牌及型号		品牌及型号	
主频		GPU 芯片		额定功率	
核心数		显存容量		峰值功率	
缓存		显存位宽		安全认证	
接口类型		总线接口	□ AGP □ PCI-E	产品类型	□ ATX □ MicroATX

主板		硬盘		显示器	
品牌及型号		品牌及型号		品牌及型号	
芯片组		容量		产品类型	□ CRT　□ LCD □ LED　□ 其他
板型	□ ATX □ Micro ATX	缓存		屏幕尺寸	
CPU 平台		转速		最大分辨率	
内存类型		接口类型	□ IDE □ SATA	对比度	
集显芯片		是否双硬盘	□ 是　□ 否	屏幕比例	
PCI-E 数量		是否有固态硬盘	□ 是　□ 否	接口类型	

内存		光驱（或刻录机）		鼠标与键盘	
品牌及型号		品牌及型号		品牌及型号	
容量		读取速度		鼠标按键数	
频率		刻录速度		键盘按键数	
内存数量		缓存		游戏功能	□ 支持 □ 不支持
内存类型	□ DDR □ DDR2 □ DDR3 □ DDR4	接口类型	□ IDE □ SATA	接口类型	□ PS/2　□ USB

知识巩固与能力提升

1. 在组装计算机之前应该做好哪些准备工作？

2. 组装计算机要注意哪些问题？

3. 请简述组装计算机的主要操作步骤。

4. 准备一台实训用的计算机，学生以小组形式进行拆、装练习。

1）实训1　拆卸计算机硬件。将主机和外部设备中的所有部件拆卸下来。

2）实训2　组装计算机硬件。按照本项目中介绍的操作步骤，将各个部件依次组装成一台完整的计算机。

5. 在组装实训过程中，对每一个操作步骤的完成情况进行评估，并将所遇到的问题以及解决方法记录下来，在课后进行分组讨论。

实践项目4　测试计算机硬件

项目概述

本项目主要讲授计算机硬件测试的相关知识，包括常用的硬件测试方法、简单故障分析和修复、组装与测试的基本流程等。使学生不仅掌握必要的理论知识，也能够锻炼自主学习和解决问题的能力，同时激发其学习计算机的兴趣。

项目分析

教师通过对计算机硬件测试过程的讲解与演示，让学生熟悉测试硬件的操作要点、安全注意事项、测试判断和维护方法，并能够根据实训条件举一反三，通过小组合作对硬件设备进行初始测试，同时对实践技能有一个直观的自我评价。

项目准备

本项目需准备一台计算机和一个电源插排，并接通市电。

任务　测试计算机硬件系统

在计算机的所有配件均组装起来后，应接通电源，对计算机硬件系统进行启动测试。测试环节很重要，它能检验组装好的计算机是否存在问题，以便于用户及时进行排查和解决。计算机硬件系统的初步测试分为通电测试和开机测试两个环节。

1. 通电测试

将主机电源线接到机箱后部的电源接口，电源插头插入电源插排中，按下机箱面板上的电源（Power）按钮，电源指示灯随即发出绿色或蓝色的亮光，硬盘指示灯开始闪烁发光。

这时主机扬声器会发出"嘀"的一声启动音，鼠标出现红色或蓝色的亮光，键盘右上角的Num Lock、Caps Lock 和 Scroll Lock 三个指示灯会随之闪烁一下，显示器也会开始启动并显示画面。这表明计算机已完成通电程序，各部件都已获得必要的电能，并完成启动唤醒过程。

如果此时计算机没有反应或某些部件没有正常亮灯闪烁，则要检查电源是否插好，电源线和设备连接线有没有松动，相关部件是否有问题等。

【知识链接】

> 启动计算机要按下电源开关按钮（Power Botton），而不要按复位按钮（Reset Botton），只有需要强行重启计算机时才会用到复位按钮（即热重启键）。

2. 开机测试

当显示器出现开机 Logo 画面时，计算机进入自检程序，开始逐个进行硬件识别检查。这时在开机画面中将显示主板厂商或 BIOS 提供商的 Logo 标识，同时还会列出 CPU、内存、硬盘、系统总线等计算机主要部件的具体型号和配置参数等信息，这个过程也反映了硬件自身的健康状态和运行状况。

用户可以观察这些硬件的自检信息，从中判断发生故障的可能性。如果在某一项硬件检测上停顿不前，或者主板发出或长或短的报警音，用户就要检查具体是哪个部件出现问题，该部件是否已安装牢固，电源线和数据线是否连接到位，是否存在漏接或接触不良等情况。

实训　测试计算机硬件

下面对已在"实践项目 3"中组装好的计算机进行测试，以检查计算机硬件系统在通电、开机过程中是否能工作正常，并排除可能出现的硬件故障。

【操作步骤】

1）整理好工作台与计算机设备，清理工作台上多余的物品，准备必要的电源插排与电源线，并检查电源设备是否正常可用。

2）接通电源，检查主机、显示器、键盘等设备的通电情况。

3）观察开机自检画面，检查主机部件、外部设备的开机与运行状况。

4）如发现问题，可请教任课老师，或与小组其他同学一起合作进行排查。故障处理完毕后，应及时进行记录、总结与交流，便于知识的积累和提升。

【实践技能评价】

	检查点	完成情况		出现的问题及解决措施
测试计算机硬件	确认计算机各主机部件、外部设备与线缆是否均已安装完毕	□完成	□未完成	
	通电测试主机与外设	□完成	□未完成	
	检查开机过程是否出现故障，熟悉开机自检画面	□完成	□未完成	
	若遇到故障，尝试对故障进行处理与记录	□完成	□未完成	

3. 计算机硬件测试完成后的收尾工作

计算机开机测试完成后，要切断电源，做好各项收尾工作。

1）再次检查主机部件和外部设备是否安装到位，各种线缆是否连接正确。

2）经检查确认无误后，重新整理、收纳机箱内外的线缆。有条件的机箱还可以走背线（即通过机箱背板来整理线缆）。

3）将机箱的侧盖挡板安装上，拧紧4颗螺钉，并摆放好计算机的位置。如果是免螺钉安装的机箱，只需卡紧机箱侧板即可。

至此，一台完整、可用的计算机就已组装完成了，如图3-42所示。

图3-42　组装完成的计算机外观

4. 计算机硬件安装与测试过程的操作建议

这里列举几点计算机组装与测试过程中的操作建议。

1）在装机开始，用户可以采用最小系统安装法，即先安装主板、CPU、散热器、内存、显卡和电源等主要部件。经通电测试并确认工作正常后，再安装硬盘、光驱、网卡、声卡、显示器、键盘、鼠标、音箱和其他扩展设备。待全部硬件设备安装完成后，再次通电对整机进行检测。图3-43所示为计算机组装与测试流程的一个简要示例。

2）通常来说，为方便安装、测试和排查故障，用户应遵循"由小而大、由内而外"的装机原则，即把计算机各组成部件划分为数个小模块，然后依次进行安装，最后再合并完成总装。在整体安装顺序上，应该在安装完主机部件后再连接外部设备。同时，应进行分步检查，以确认每一个硬件模块的安装是否准确。

3）在安装、固定好各个配件后，再统一连接电源线和数据线，这样可避免机箱内部显得过于杂乱，且用户的双手和视线也不会受线缆所阻碍。

4）在硬件安装与测试的过程中要仔细观察，耐心操作，碰到问题要根据其表现特征寻找解决的方法，切勿因急躁而采取粗暴的操作。

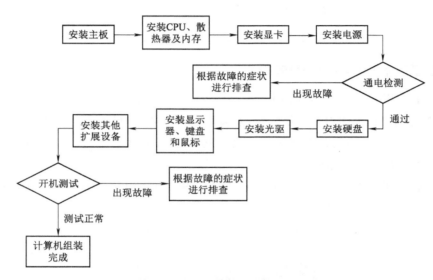

图3-43　计算机组装与测试简要流程图

5）对于在通电状态下的硬件测试，务必要注意用电的安全与操作的规范。电源插排和电源线要归纳放置，在实训过程中要避免物品杂乱摆放，电源不能随意拔插，在确保操作环境符合安全用电要求的情况下再开展硬件测试实训。

▶▶ **知识巩固与能力提升**

1. 在进行计算机硬件测试之前应该做好哪些准备工作？
2. 请简述测试计算机硬件的主要步骤。
3. 通电测试与开机测试在操作上有什么区别？
4. 若计算机在通电后显示器没有显示画面，主机也没有发出报警音，这可能是哪个方面的问题？如何诊断与排除此故障？

▶ 实践项目5 安装Windows 7操作系统

项目概述

本项目主要讲授 Windows 7 操作系统的安装过程，包括 Windows 7 操作系统的主要版本、系统功能特点、系统安装要求、系统安装及配置方法等。使学生不仅掌握必要的理论知识，也能够锻炼自主学习和解决问题的能力，同时激发其对计算机的学习兴趣。

项目分析

教师通过讲解与展示 Windows 7 操作系统的一般安装流程，让学生熟悉 Windows 操作系统的基本特点和安装步骤，并能够根据实际举一反三，通过小组合作完成 Windows 7 操作系统的安装，同时对实践技能有一个直观的自我评价。

项目准备

本项目需准备一台实训用计算机、一个 DVD 光驱（或刻录机）和一张 64 位 Windows 7 简体中文系统安装光盘。

没有安装操作系统的计算机只是一台裸机，用户无法对其进行直接操作。在本项目中，王工将给小霖讲解 Windows 系统的基本特点、功能和主要版本，并让小霖学会如何安装 Windows 7 操作系统。

⟫ 任务1 认识主流计算机操作系统

计算机操作系统类型众多，能在多种不同的设备平台上运行，各类系统的特点差别很大。目前应用较广的计算机操作系统包括 Windows 系统、UNIX 系统、Linux 系统、苹果 Mac OS X 系统等。

1. Windows操作系统

Windows 操作系统由微软公司研发，具有极为优异的统一平台计算特性，能在台式机、笔记本电脑、智能手机、平板电脑、嵌入式设备、游戏设备、物联网设备、工作站、服务器等几乎所有类型的设备平台上运行，并且使用统一、兼容的系统内核与 UI 界面（界面设计）。目前占据了全球个人计算机市场的九成份额，已成为 PC 行业的绝对霸主。

Windows 系列又分为 Windows 客户端系统和 Windows Server 服务器系统两大类。常用的版本有 Windows 7、Windows 8/8.1、Windows 10 以及 Windows Server 2016/2019 服务器系统等。

2. UNIX操作系统

UNIX 操作系统由 AT&T 公司旗下的贝尔实验室研发，主要面向高性能服务器、大型机、并行超级计算机等专用计算机设备，分为商业版和免费版两种类型。常见的 UNIX 系统版本有 IBM AIX、HP-UX、SUN Solaris、FreeBSD、OpenBSD 等。苹果 iOS 系统也是采用 UNIX 内核开发的。

3. Linux操作系统

Linux 是一种开源、可自由使用的"类 UNIX"操作系统，拥有强大的运行性能、强壮的安全特性与灵活的可伸缩性，不仅广泛应用于个人计算机、移动式设备、嵌入式设备、智能计算设备、物联网设备和专业工作站中，在高性能和复杂型计算环境中也具备显著的优势。

由于坚持开源与免费的策略，Linux 已衍生出多种细分发行版本，包括 Red Hat Linux、CentOS、Ubuntu、SUSE Linux，Fedora、Debian 等。目前，全球 95% 的超级计算机运行着 Linux 的各种版本。安卓（Android）系统、阿里云飞天（Apsara）系统也是基于 Linux 内核定制开发而成的。

4. Mac OS操作系统

Mac OS 操作系统由苹果公司设计生产，基于 UNIX 系统内核进行深度定制开发而成。凭借简洁的 UI 界面、流畅的操作过程、较强的运行性能、优异的稳定性和安全性以及与 iOS 保持强大的互联性，Mac OS 成功构建了一个完善且优质的软件生态系统，受到很多图形设计者、音乐工作者、程序开发员、艺术爱好者以及商业用户的欢迎。Mac OS 系统完全闭源，通常安装在苹果 Macintosh 计算机中，主要包括 OS X Yosemite、macOS Sierra 等产品。

任务2　使用光盘安装Windows 7操作系统

在开始安装 Windows 7 操作系统之前，应考虑下面几点：

1. 选择适合自身需要的Windows 7操作系统版本

Windows 7 操作系统拥有多达 6 个细分版本，每个版本都面向不同的消费用户群，各自包含的具体功能和产品定价也不一样。表 3-3 列出了 Windows 7 各个版本的适用环境和功能特点。

表 3-3　Windows 7 各版本的适用环境和功能特点

版本名称	适用环境	功能特点
Windows 7 Starter（简易版或初级版）	面向入门级用户、上网本设备和新兴市场。仅通过 OEM 渠道提供	具备最基本的系统功能，只支持 32 位处理器，可以加入家庭组，但没有 Aero 效果，并限制在某些特定类型的硬件设备上运行
Windows 7 Home Basic（家庭普通版或家庭基础版）	面向大众型家庭计算机用户。通过 OEM 预装渠道发布，也在新兴市场零售	提供基础的 Windows 功能和互联网应用，包含 32 位和 64 位版本。此版本可以加入家庭组，支持多显示器，限制部分 Aero 特效，但不支持 Windows 媒体中心和 Tablet 功能
Windows 7 Home Premium（家庭高级版）	Windows 7 的标准消费产品，面向主流家用计算机市场，满足家庭娱乐的一般需求。通过 OEM 预装和零售两种渠道发布	包含所有桌面增强和多媒体功能，如 Aero 显示特效、高级动画效果、屏幕多点触控功能、Media Center 媒体中心等，可以创建家庭网络组，但不能加入 Windows 域。同时提供 32 位和 64 位版本
Windows 7 Professional（专业版）	面向中小企业用户和计算机爱好者，满足大多数办公应用和娱乐需求。通过 OEM 预装、零售和批量授权等多种渠道发布	增强了网络管理和安全功能，如活动目录和域支持、远程桌面连接、网络备份、加密文件系统、位置感知打印、展示模式、软件限制策略和 Windows XP 模式等高级功能。同时提供 32 位和 64 位版本
Windows 7 Enterprise（企业版）	面向企业级市场，满足大中型企业在信息业务应用（如数据共享、业务流程管理、信息安全管控等）方面的需求。仅通过微软软件保障协议提供	拥有一系列企业级增强功能，如 BitLocker 驱动器加密、AppLocker 非授权软件运行锁定、多语言包支持、UNIX 异构平台应用、基于 Windows Server 2008 R2 企业网络的 Direct Access 无缝连接和网络分支缓存等。同时提供 32 位和 64 位版本
Windows 7 Ultimate（旗舰版）	面向主流计算机用户和软件爱好者，充分满足用户在办公、娱乐、设计等方面的需求，通过 OEM 预装、零售和在线升级等渠道发布	拥有与企业版相同的所有功能（含商业功能），仅在授权方式和产品服务等方面有所区别。此版本既可以用于普通的个人计算机，也可以用于大型企业环境和复杂多变的桌面计算平台，是 Windows 7 家族中最为强大和灵活的一个成员。同时提供 32 位和 64 位版本

　　考虑到实际需求和购买价格，普通家庭用户安装 Windows 7 家庭高级版已基本够用了，而企业用户或计算机爱好者则应选用 Windows 7 专业版、企业版或旗舰版，这些版本能很好地满足用户的各种专业性或特殊应用需求。

2. 了解安装Windows 7系统的基本硬件要求

　　要在计算机中安装和运行 Windows 7 系统，需要具备最低的硬件要求。表 3-4 给出了微软官方推荐的硬件配置需求。由于 Windows 7 系统分为 32 位和 64 位两种版本，各个版本对硬件资源的要求也有差别。

表 3-4 Windows 7 系统安装的最低配置要求

硬件名称	32 位基本要求	64 位基本要求	建议与说明
CPU	主频 1GHz 及以上		通用要求，最好具备两个或多个核心。安装 64 位 Windows 7 系统需要搭配 64 位处理器
内存	1GB 及以上	2GB 及以上	最好具备 4GB 或更大容量、频率在 1600MHz 以上，游戏娱乐或专业设计使用时建议采用双通道内存
硬盘	16GB 及以上	20GB 及以上	这仅为 Windows 7 的系统文件与页面交换文件安装需求，不包括用户数据和应用软件，系统分区一般应考虑至少预留 50GB 以上的磁盘空间
显卡	DirectX 9.0 显卡支持，并带有 WDDM 1.0 或更高版本的图形显示驱动程序		通用要求，用于实现 Aero 透明效果。很多 3D 游戏和图形设计软件还需要 DirectX 10/11 版本的支持
显示器	分辨率达到 1024×768 及以上		通用要求，高分辨率能获得更好的显示效果和图像画质

3. 选择正确的安装方式

Windows 7 系统可以通过两种方式进行安装：升级安装和全新安装。

（1）升级安装方式　升级安装是指在不删除原有系统的基础上，以新系统的安装文件替换原有的系统文件。升级后的操作系统仅覆盖了 Windows 自身的系统文件，而系统分区中的配置信息、用户个人数据（如桌面文件、照片、音乐、视频等）以及应用软件都会保留下来。

（2）全新安装方式　全新安装则是将系统分区格式化后再重新安装新的操作系统，这样，原有系统以及相关数据也将被全部删除。

升级安装的好处是操作比较方便，不需要设置引导设备就可以进行快速安装，升级完成后还能直接使用原先的系统设置与软件，但如果原有系统中的程序已被病毒感染或者存在兼容性问题，升级后将有可能影响新系统的稳定运行。而全新安装则能够解决这些遗留性的隐患，确保新系统的干净和健康，但是整个安装和设置过程耗时较长。

接下来，王工以安装 64 位 Windows 7 中文旗舰版操作系统为例，逐步完成整个系统安装过程。在着手进行安装之前，王工先指导小霖检查以下几项准备工作：

1）准备一张从正规渠道购买的 64 位 Windows 7 中文旗舰版系统光盘，并将光盘附带的产品序列号或产品密钥记录下来。

2）计算机中配备一个 DVD-ROM 或 DVD-R 光驱，并确认该光驱支持自启动。

3）确保系统分区拥有足够的磁盘空间，这里已事先为 C 盘划分 50GB 以上的容量，并格式化为 NTFS 文件系统。如果使用的是旧硬盘，则先用磁盘扫描工具扫描检查系统分区，若存在错误则需要及时修复，以免影响安装进程。

4）进入BIOS主程序设置界面，在"Advanced BIOS Features"（高级BIOS功能设置）菜单中，将光驱（CD/DVD ROM）设为第一启动设备（First Boot Device），并确保此时计算机处于正常运行状态。

【知识链接】

请使用正版的Windows 7操作系统。正版软件不仅能提供良好的安全性、稳定性、产品售后支持和增值服务，避免遭到病毒、木马、间谍软件等恶意程序的攻击，而且用户也能免受由于侵犯知识产权而带来的声誉损害。

（1）Windows 7安装进程之第一阶段　系统引导过程

1）所有准备工作完成后，将Windows 7旗舰版系统安装光盘放进光驱中，重启计算机，等待几秒之后，屏幕上会出现"Press any key to boot from CD or DVD..."的光盘启动提示，如图3-44所示。

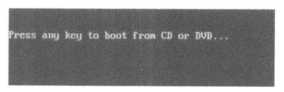

图3-44　光盘启动提示界面

2）按下键盘上的任意键，光盘开始引导启动，这时屏幕中会出现"Windows is loading files..."提示信息，这表示Windows系统正在加载光盘引导文件，如图3-45所示。

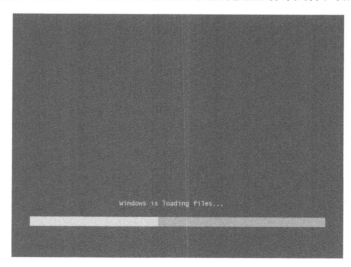

图3-45　加载光盘引导文件界面

3）随后出现"Starting Windows"界面，安装程序正通过引导文件完成初始启动进程，如图 3-46 所示。

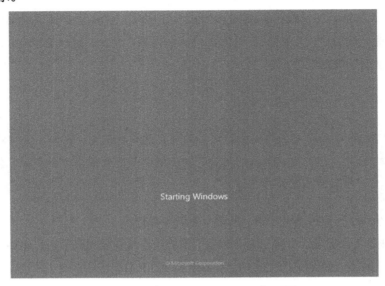

图3-46 "Starting Windows"界面

（2）Windows 7 安装进程之第二阶段 系统安装配置。

1）启动文件加载完成后，屏幕将出现一个系统设置窗口，用户可以对 Windows 7 的系统语言、时间和货币格式、键盘和输入方法进行设定，这里一般保持默认设置即可，如图 3-47 所示。

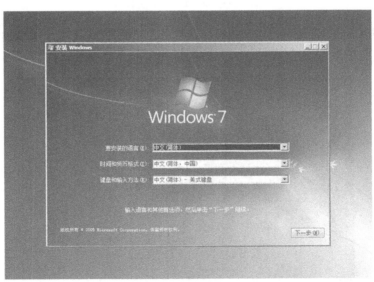

图3-47 Windows系统设置窗口

2）单击"下一步"按钮，随后出现如图 3-48 所示的确认安装窗口。若单击"修复计算机"链接可以修复原有系统存在的问题，由于本例采用的是全新安装，这里要单击"现在安装"按钮，然后将安装一个完整的 Windows 7 系统。

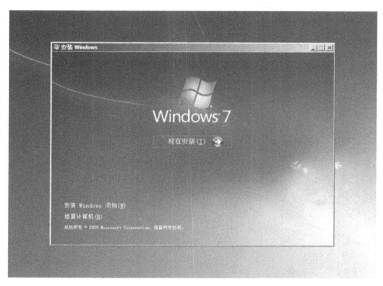

图3-48 "现在安装"提示窗口

3）这时屏幕上显示"安装程序正在启动…"字样，然后弹出"请阅读许可条款"对话框，如图3-49所示。用户可以阅读其中的软件许可条款，然后选中"我接受许可条款"复选框，再单击"下一步"按钮继续安装。

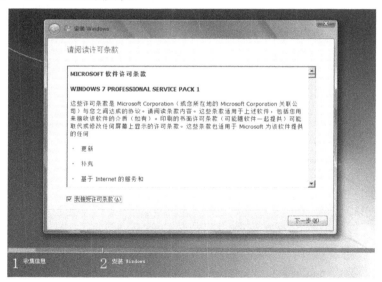

图3-49 "请阅读许可条款"对话框

4）随后出现"您想进行何种类型的安装？"对话框，用户可以根据自己的实际需要选择合适的安装类型。由于本例中所采用的是全新安装方式，因此这里要单击选中"自定义（高级）"选项，如图3-50所示。

5）随后弹出"您想将Windows安装在何处？"对话框，此处需要选择把Windows 7系统安装在哪个磁盘分区。由于已事先划分好硬盘分区，此处就可以看到硬盘的具体分区情况。如果对现有分区不满意，可单击"驱动器选项（高级）"选项，对硬盘分区进行删除、重建、扩展、格式化等操作。这里选中"磁盘 0 分区 2"作为系统分区，如图 3-51 所示。

图3-50   "您想进行何种类型的安装"对话框

图3-51   "您想将Windows安装在何处"对话框

如果该硬盘还没有分区，也可以在这里直接创建主分区和相应的逻辑分区，并完成格式化操作。方法如下：依次单击"驱动器选项（高级）"→"新建"命令，在"大小"文本框中输入"51200MB"（即50GB），作为系统分区容量，如图 3-52 所示。然后单击"应用"按钮，在弹出的警告对话框中单击"确定"按钮。之后再用同样的方法分别创建扩展分区以及各个逻辑分区。

图3-52　创建磁盘分区对话框

【知识链接】

> 　　如果是在一个新硬盘或者是在经过重建所有分区后的硬盘中安装 Windows 7 操作系统，系统会自动生成 100MB 左右的保留空间，用来存放 Windows 7 操作系统的相关启动引导文件，这个空间对于用户来说是隐藏的。

　　6）单击"下一步"按钮，开始安装 Windows 7 系统。在安装过程中，计算机可能会有几次重启，但整个过程都是自动执行的，无须用户人工干预。图 3-53 显示了安装程序将要完成的操作步骤。系统安装所需的时间视计算机性能的高低而有所不同。

图3-53　"正在安装Windows"对话框

7）在完成"安装更新"这一步骤后，系统会弹出一个重新启动的提示对话框，用户可以单击"立即重新启动"按钮进行重启。如果不单击此按钮，系统将在10s后自动进行重启，如图3-54所示。

图3-54　系统重新启动提示对话框

8）计算机重新启动后，屏幕上将出现Windows 7系统的启动画面，如图3-55所示。随后安装程序会继续自动执行安装命令。

图3-55　"正在启动Windows"界面

9）在所有的安装工作全部结束后，安装程序会再次重启计算机。在这个过程中，系统将对主要的硬件设备进行检测，为用户首次使用Windows 7系统做好准备，如图3-56所示。

图3-56 Windows首次启动准备界面

（3）Windows 7 安装过程之第三阶段 用户信息设置。

1）计算机重启之后，进入 Windows 7 系统的用户设置界面，这里要设置一个用户名，同时系统将依此生成一个计算机名称。本例中采用"Stephen"作为用户名，而对应的计算机名称为"Stephen-PC"，如图 3-57 所示。

图3-57 设置用户名和计算机名称

2）单击"下一步"按钮，这时进入"为账户设置密码"界面，设置密码有助于保护系统安全。按照提示输入可方便记忆的用户密码，并确保两次密码完全一致，然后再填写密码提示信息，日后忘记密码时可取回密码，如图 3-58 所示。

图3-58 "为账户设置密码"界面

3）填写完成后单击"下一步"按钮，进入"输入您的 Windows 产品密钥"界面，如图3-59所示。在这里填入 Windows 7 系统光盘上的产品序列号，然后单击"下一步"按钮。

【知识链接】

产品密钥这一项也可以暂时不填，并取消选中"当我联机时自动激活 Windows"复选框，这样 Windows 7 系统仍然可以继续安装，不过系统只能提供 30 天的试用期，在试用期间 Windows 将会多次提示用户完成激活。

图3-59 "输入您的Windows产品密钥"界面

4）接下来要选择 Windows 自动更新的方式。自动更新补丁程序能提高 Windows 系统的安全性和稳定性，建议选中"使用推荐设置"选项，如图 3-60 所示。

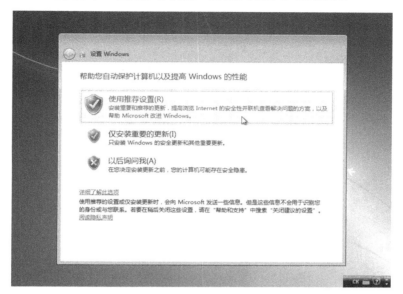

图3-60　选择Windows自动更新方式

5）接下来进入"查看时间和日期设置"界面，在"时区"下拉列表框中采用默认的北京时区即可，然后校对、调整当前系统日期和时间，如图 3-61 所示。设置完成后，单击"下一步"按钮。

图3-61　"查看时间和日期设置"界面

6）随后进入"请选择计算机当前的位置"界面，在这里要设定计算机所在的网络环境，Windows 系统防火墙随即会为之提供不同的默认安全配置。家庭宽带网络用户可选择"家庭网络"选项，企业或单位局域网用户可选择"工作网络"选项，而处在公共开放网络环境中的计算机则建议选择"公用网络"选项。这里选中"工作网络"选项，如图 3-62 所示。

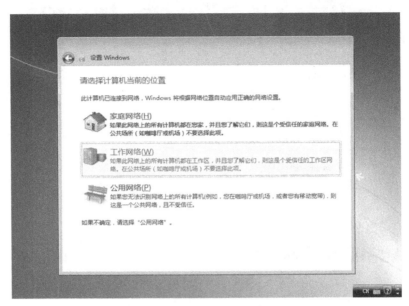

图3-62　选择计算机当前的位置

7）最后进入 Windows 7 系统桌面，可以看到 Windows 7 系统的桌面非常简洁、美观，只有一个"回收站"图标，如图 3-63 所示。至此，所有安装步骤均已完成，Windows 7 操作系统已经成功安装到计算机中。

图3-63　Windows 7系统桌面

【实践技能评价】

	检查点	完成情况	出现的问题及解决措施
使用光盘安装 Windows 7 操作系统	掌握系统安装过程中分区及格式化的方法	□完成　　□未完成	
	为 Windows 7 系统设置正确的网络位置	□完成　　□未完成	
	安装完成后检查 Windows 7 系统是否可以 正常操作	□完成　　□未完成	

>> 知识巩固与能力提升

1. 了解教室或实训室所用的是哪一款 Windows 产品？属于 32 位还是 64 位系统？

2. 请列举安装 Windows 7 操作系统的最低硬件配置要求。

3. 安装 Windows 7 操作系统之前需要做好哪些准备工作？

4. 在实训计算机上，用光盘安装一个完整的 Windows 7 旗舰版系统，并将安装过程中所做的设置记录下来。

5. 除了"回收站"图标外，你还能在 Windows 7 桌面上找到更多系统图标吗？

▶ 实践项目6　安装设备驱动程序

>> 项目概述

本项目主要讲授主板、显卡等硬件驱动程序的安装过程，包括采用光盘安装驱动、采用第三方软件安装驱动、采用系统功能升级驱动、通过网上下载安装驱动等方法。使学生不仅掌握必要的理论知识，也能够锻炼自主学习和解决问题的能力，同时激发对计算机的学习兴趣。

>> 项目分析

教师通过讲解与展示常用硬件驱动程序的安装流程，让学生熟悉硬件驱动程序的基本特点和安装方法，并能够根据实际的实训条件举一反三，通过小组合作完成主板和显卡驱动程序的安装，同时对实践技能有一个直观的自我评价。

本项目需准备一台实训用计算机、一个独立显卡、一个 DVD 光驱（或刻录机）、一张主板驱动程序光盘和一张显卡驱动程序光盘。

硬件驱动程序是操作系统与硬件设备的交互接口，包含了有关硬件设备的详细信息，主要负责将系统操作指令"翻译"成硬件设备能够执行的语言。连接到计算机的每一个硬件设备都必须安装驱动程序，否则将无法正常工作。

❯❯ 任务1　使用光盘安装硬件驱动程序

Windows 7 操作系统内置的驱动包已集成了大量的硬件驱动程序，安装完成后系统能自动识别出大部分的主流硬件设备。但如果系统无法识别某个硬件，或者系统集成的驱动版本过低，用户就要单独为这款硬件设备安装驱动程序，最好的方法是使用设备附带的驱动光盘来进行安装。

下面王工以安装华硕 PRIME B250M-PLUS 主板驱动程序和七彩虹 GeForce GTX 750 显卡驱动程序为例，向小霖讲解如何使用光盘来安装驱动程序。

1. 安装主板驱动程序

安装主板驱动程序，能让操作系统识别出主板芯片组的型号、相关功能和主板的其他组成部件。华硕 PRIME B250M-PLUS 主板驱动程序安装过程如下：

1）将主板附送的驱动光盘放入光驱中，光盘自动运行安装程序，随后弹出主板驱动程序管理界面，如图 3-64 所示。可以看到该款主板的驱动光盘提供有驱动程序、工具程序、用户手册以及重点提示几项主要功能，用户可根据自己的实际需要来选择。

图3-64　主板驱动程序管理界面

【知识链接】

> 如果光盘没有自动运行程序，也可以直接双击驱动光盘图标或者右击打开光盘目录，然后双击运行里面的 Setup.exe 安装程序，以调出驱动程序安装界面。

2）单击切换到"驱动程序"功能界面，这里列出了该款主板所附带的各类硬件驱动程序以及几个实用性小程序，如图 3-65 所示。

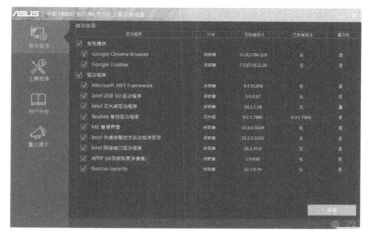

图3-65 "驱动程序"功能界面

3）本例需要安装几项主要的硬件驱动程序，包括 Microsoft. NET Framework、Intel USB 3.0 驱动程序、Intel 芯片组驱动程序、Realtek 音效驱动程序、ME 管理界面、Intel 快速存储技术驱动程序软件和 Intel 网络接口驱动程序。选中需要安装的功能程序，而将那些不需要安装的程序取消选中即可，如图 3-66 所示。

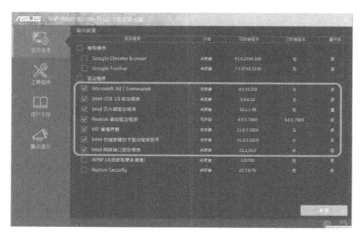

图3-66 选择要安装的程序

4）选中所需程序后，单击"安装"按钮，弹出安装确认信息提示对话框，提醒用户驱动程序安装过程中将会重启计算机 1 次，如图 3-67 所示。

图3-67　安装确认信息提示对话框

5）单击"是"按钮，系统将自动执行驱动程序的安装命令，安装进程如图 3-68 所示。整个安装进程预计将花费 15 ~ 20min，这期间计算机将会进行重启。

图3-68　驱动程序安装进程

6）在所有选中的功能程序全部安装完成后，系统将弹出安装完成提示对话框，询问用户是否要立即重启计算机，如图 3-69 所示。

图3-69　安装完成提示对话框

7）单击"是"按钮，计算机将再次重启，至此主板驱动程序完成安装。

2. 安装显卡驱动程序

七彩虹 GeForce GTX 750 显卡采用 NVIDIA 的 GTX 750 图形显示芯片，需要安装一系列驱动程序，具体操作过程如下：

1）将七彩虹 GeForce GTX 750 显卡的驱动光盘放入光驱，找到光盘目录下的 Autorun.exe 程序图标，双击运行该程序，启动驱动程序管理界面，如图 3-70 所示。可以看到，七彩虹这款显卡提供了显卡核心驱动程序和 iGameZone 游戏扩展支持程序两项安装功能。

2）单击"安装显卡驱动"按钮，弹出驱动文件解压对话框，用户可选择显卡驱动文件解压的路径，如图3-71所示。

图3-70　显卡驱动程序管理界面　　　　图3-71　驱动文件解压对话框

3）单击"OK"按钮，系统随后将显卡驱动程序的源文件解压出来。解压完成后弹出"NVIDIA 图形驱动程序"窗口中的"检查系统兼容性"界面，首先检查显卡驱动文件与Windows 7 系统之间的兼容能力，如图 3-72 所示。

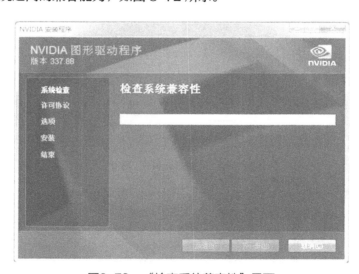

图3-72　"检查系统兼容性"界面

4）驱动程序兼容性检查完成后，进入"NVIDIA 软件许可协议"界面，如图 3-73 所示。

5）单击"同意并继续"按钮，随后进入"安装选项"界面。在这里可以选择"精简"和"自定义"两种安装模式，一般情况下直接采用默认的"精简"安装模式即可，如图 3-74 所示。

6）单击"下一步"按钮，安装向导开始自动执行显卡驱动安装程序，其中包括显示芯片驱动程序、核心架构运算程序、运行算法指令程序、3D Vision 驱动程序、NVIDIA

GeForce Experience 管理软件等一系列关键程序，如图 3-75 所示。

图3-73　"NVIDIA软件许可协议"界面

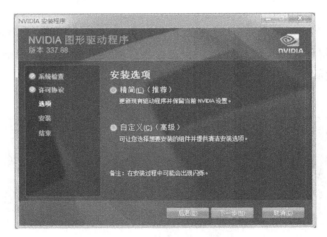

图3-74　"安装选项"界面

图3-75　显卡驱动程序安装进程

7）驱动程序安装结束后，进入"NVIDIA 安装程序已完成"界面，如图 3-76 所示。单击"马上重新启动"按钮，待计算机重启后，七彩虹 GeForce GTX 750 显卡驱动程序即可正常发挥作用了。

图3-76　"NVIDIA安装程序已完成"界面

【实践技能评价】

	检查点	完成情况	出现的问题及解决措施
使用光盘安装硬件驱动程序	安装合适的主板驱动程序，重启计算机后进行验证测试	□完成　　□未完成	
	安装最新版本的显卡驱动程序，重启计算机后进行验证测试	□完成　　□未完成	
	在"计算机管理"窗口中检查各个设备驱动程序是否已正确安装	□完成　　□未完成	

 ≫ 任务2　通过其他方法安装硬件驱动程序

如果没有驱动光盘，也可以通过下列方法来安装硬件驱动程序。这里以安装主板驱动程序为例进行介绍。

1. 使用驱动管理软件升级驱动程序

网上有很多免费的驱动管理软件，如驱动精灵、驱动人生、360 驱动大师等。它们可以自动检测计算机是否安装有设备驱动程序，并在网上比对驱动程序的版本是否过于老旧，进而帮助用户安装或更新设备驱动程序。下面简述使用驱动精灵来安装硬件驱动程序的方法。

1）登录驱动精灵官网（网址：http://www.drivergenius.com），下载最新软件版本（这里采用 V9.5 标准版）。安装完成后进入驱动精灵主界面，如图 3-77 所示。

图3-77　驱动精灵管理界面

2）单击"立即检测"按钮，驱动精灵软件开始扫描计算机中的硬件设备，并单独列出版本过旧、建议更新和需要安装的硬件驱动程序，如图 3-78 所示。

图3-78　检测设备驱动程序

3）根据具体的使用需要，单击某个硬件驱动程序右边的"安装"或者"升级"按钮，驱动精灵将进入其在线驱动数据库，搜索、匹配并下载最新版本的驱动程序。这里先安装主板集成显卡（即 Intel 核心显卡）的一个重要驱动版本，如图 3-79 所示，直接单击该项右边的"安装"按钮。

4）核心显卡驱动下载后开始自动安装，期间需要单击几次"下一步"按钮。安装完成后，程序会询问是否需要立即重新启动计算机，如图 3-80 所示。

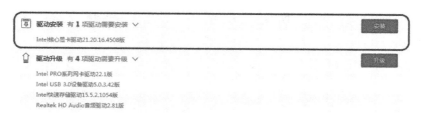

图3-79 升级核心显卡驱动程序

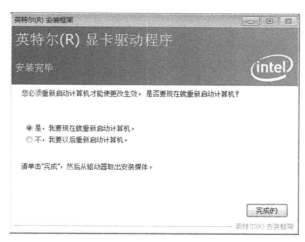

图3-80 安装完毕

5）单击"完成"按钮，重启计算机后，在桌面空白处右击，在弹出的右键快捷菜单中单击"屏幕分辨率"命令，打开屏幕分辨率窗口。可以看到，显示器分辨率已变为"1920×1080（推荐）"。单击"高级设置"链接，在打开的对话框的"适配器"选项卡中，"适配器类型"这一项已检测到"Intel HD Graphics 630"显卡型号与其他芯片信息，这表明主板集显驱动已经安装成功，如图3-81所示。

图3-81 集显驱动安装成功

6）打开驱动精灵软件界面，切换到"驱动管理"选项卡，选中"Intel USB 3.0 设备驱动"与"Realtek HD Audio 音频驱动"这两项驱动程序，再单击窗口右上角的"一键安装"按钮，将 USB 3.0 驱动程序与板载声卡驱动程序更新至最新版本，如图 3-82 所示。

图3-82　一键安装所选硬件驱动程序

7）待所选驱动程序全部安装完成后，单击"立即启动计算机"按钮，至此相关硬件驱动程序安装完成。

【实践技能评价】

	检查点	完成情况	出现的问题及解决措施
使用驱动精灵安装主板驱动程序	用驱动精灵软件升级主板、显卡和声卡驱动程序	□完成　□未完成	
	重启计算机后，检查相关硬件设备的驱动程序是否安装成功	□完成　□未完成	
	尝试使用其他方法安装驱动程序，安装完成后重启测试	□完成　□未完成	

2. 上网查找合适的驱动程序版本

对于有一定计算机基础的用户，也可自行上网查找相应的硬件驱动程序。推荐访问以下两类网站：

（1）硬件厂商的官方网站

硬件厂商的官方网站是发布产品配套资源的权威来源，用户可以从中下载质量高、可靠性好、版本最新的设备驱动程序。图 3-83 和图 3-84 所示为 NVIDIA 和华硕公司官方网站的驱动程序下载页面。

图3-83　NVIDIA官网驱动程序下载页面

图3-84　华硕官网驱动程序下载页面

（2）专业的硬件驱动程序发布网站

驱动之家是国内最著名的专业驱动程序发布网站之一，可以下载几乎所有硬件设备的驱动程序，并有多种版本可供选择，如公版驱动、非公版驱动、测试版驱动、WHQL版驱动等，用户可按需下载。图3-85所示为驱动之家官网首页。

图3-85　驱动之家官网首页

知识巩固与能力提升

1．系统安装完成后，放入主板驱动光盘，安装主板芯片组、集成显卡、集成声卡和其他配套的硬件驱动程序。

2．如果有独立显卡、独立声卡或其他外部设备，请逐一安装设备驱动程序。

3．如果没有设备驱动光盘，则安装驱动精灵软件或登录厂商官网搜索合适的驱动程序版本进行安装。

≫ 职业素养

王工：硬件和软件共同构成了计算机的有机整体，缺一不可。硬件和软件只有和谐地工作才能充分发挥计算机的性能！

小霖：我明白。不过现在硬件和软件产品日新月异，外观和功能也不尽相同，该怎样去安装它们呢？

王工：万变不离其宗，硬件和软件的基本安装原理并没有多大区别，只要掌握正确的安装操作方法，就能做到融会贯通，这些需要平时多练习，多思考！

单元4

备份与维护计算机系统 ◀

➤ 职业情景创设

安装完 Windows 7 操作系统后，小霖使用计算机上网浏览了很多共享资源，操作过程中一切都很正常，因此他觉得计算机的安装与设置过程已经完成了。

小霖：王工，新安装的计算机运行速度真快，使用体验非常好，但为什么计算机用久了会变慢、变卡，而且还会出现各种故障呢？

王工：这并不奇怪。在日常使用过程中，计算机中的软件和数据会不断增多，再加上网络病毒攻击和人为操作不当等因素，计算机难免会出现种种问题，严重时还可能导致系统崩溃甚至硬件损坏呢！

小霖：原来如此，那应该怎样减少计算机故障的发生呢？另外，一旦计算机系统崩溃了，还能迅速恢复吗？

王工：这就需要对计算机进行必要的备份设置和保养维护了，这些环节可不能忽视哦！

➤ 工作任务分析

本单元主要学习系统备份与故障恢复、文件数据恢复、硬件设备的保养清洁等内容，使学生掌握计算机系统的维护方法，并能进一步发挥计算机的性能，提升系统运行的速度，以保障计算机长期、稳定地运行。

➤ 知识学习目标

- 了解计算机系统备份与保养维护的意义；
- 掌握 U 盘启动盘的制作方法；
- 掌握系统备份、还原以及数据恢复方法；
- 掌握计算机硬件设备的保养和维护方法。

➤ 技能训练目标

- 能够使用 U 盘启动盘和 Ghost 软件备份系统；
- 能够使用 U 盘和 Ghost 工具还原系统；
- 能够使用 EasyRecovery 软件恢复丢失的文件；
- 能够对计算机硬件设备进行日常保养和清洁。

▶ 实践项目7　备份与还原计算机系统

项目概述

本项目主要讲授如何使用 U 盘和 Ghost 工具来备份及还原计算机系统，以及使用专业软件恢复计算机中丢失的文件资料。掌握了这两类操作方法，用户在遇到系统运行卡顿、崩溃死机或重要数据丢失时，可迅速恢复系统或找回所需的文件。

项目分析

教师通过讲解与演示系统备份、还原以及数据恢复的操作过程，让学生熟悉备份与恢复的使用方法，并能够根据实训条件举一反三，通过小组合作完成相关的系统备份、还原和数据恢复实训任务，同时对实践技能有一个直观的自我评价。

项目准备

本项目需准备一台实训用计算机和一个 8GB 以上容量的 U 盘。

计算机在日常使用过程中，难免会碰到各种意想不到的软 / 硬件故障，严重时会造成系统崩溃死机而导致计算机无法正常使用。如果用户无法修复系统问题，那么最好的办法就是使用一个经过优化设置的镜像文件来恢复系统。

≫ 任务1　制作U盘启动盘

U 盘启动盘是在进行计算机维护与恢复操作时的常用工具，它具有界面直观、操作简单、使用灵活、功能齐备等优点，即使普通用户也能很快掌握。常见的 U 盘启动盘制作工具有老毛桃、大白菜、U 深度、U 启动等，这里以 U 深度启动盘制作工具为例进行介绍。

（1）下载并安装 U 深度启动盘制作工具

1）登录 U 深度官方网站（网址为：http://www.ushendu.com/），下载最新的 U 盘启动盘制作工具（这里采用 v5.0 UEFI 版）。

2）双击打开安装包，在打开的窗口中单击"立即安装"按钮，如图 4-1 所示。

图4-1　安装U深度

3）安装完成后，弹出如图 4-2 所示的"安装完成"提示窗口。单击"立即体验"按钮，即可进入 U 深度 U 盘启动盘制作工具的主界面，如图 4-3 所示。

图4-2　"安装完成"提示窗口

图4-3　U深度U盘启动盘制作工具主界面

（2）使用 U 深度工具一键制作 U 盘启动盘

1）准备一个能正常使用的 U 盘，容量建议在 8GB 以上。先将 U 盘中的重要资料备份至本地硬盘中。

2）将 U 盘插入计算机的 USB 接口，U 深度软件会自动扫描、识别出该 U 盘，如图 4-4 所示。

图4-4　识别计算机中的U盘

3）保持 U 深度软件界面中各项默认设置不变，一般情况下无须修改任何参数项，直接单击"开始制作"按钮。

4）随后弹出"U 深度 – 警告信息"对话框，如图 4-5 所示，提醒用户安装程序将会删除 U 盘中的所有数据，并且无法恢复。若用户已确认 U 盘中没有重要资料或已将相关资料全部备份，则单击"确定"按钮。

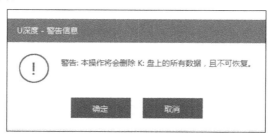

图4-5　"U深度–警告信息"对话框

5）U 深度软件在执行过程中，会显示制作进度，如图 4-6 所示。正常情况下，U 盘启动盘的制作过程需要花费 2～3min，在此期间用户尽量不要进行其他操作。

6）U 盘启动盘制作完成后，会弹出"U 深度 – 提示信息"对话框，询问用户是否要用"模拟启动"功能来测试 U 盘的启动情况，如图 4-7 所示。

7）单击"是"按钮，随后弹出如图 4-8 所示的模拟启动界面，这说明 U 盘启动盘已经制作成功。

图4-6　U深度制作进程

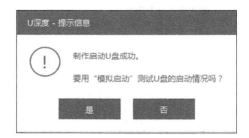

图4-7　"U深度-提示信息"对话框

图4-8　U深度模拟启动界面

【知识链接】

　　请注意，这只是U深度软件模拟出来的U盘启动盘操作界面，仅供启动测试所用，并没有实际的功能，用户不用进行进一步操作，直接关闭窗口即可退出该模拟启动界面。

【实践技能评价】

	检查点	完成情况	出现的问题及解决措施
使用 U 深度工具制作 U 盘启动盘	安装最新版本的 U 深度工具软件，并熟悉该软件的常用操作功能	□完成　□未完成	
	使用 U 深度工具制作一个 U 盘启动盘，采用智能模式以及 HDD-FAT32 格式	□完成　□未完成	
	测试 U 深度工具的启动界面及主要功能	□完成　□未完成	

 ≫ **任务2　使用U盘启动盘备份系统**

U 盘启动盘制作完成后，就可以使用这个 U 盘来备份系统了。

1）插入制作好的 U 盘启动盘，开机进入 BIOS 程序设置主界面，将系统第一启动设备设为可移动式存储设备（即 U 盘），保存并重启计算机。除了进入 BIOS 中设置启动设备外，也可以在开机时直接按键盘的快捷键，调出系统启动菜单，再选择从 U 盘启动。具体的快捷键设置请查看主板说明书。

2）U 盘启动盘开始自引导，随后进入 U 深度主菜单窗口，如图 4-9 所示。

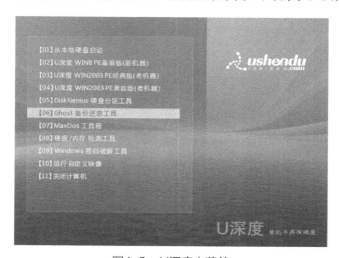

图4-9　U深度主菜单

3）选中"【06】Ghost 备份还原工具"选项，进入如图 4-10 所示的 Ghost 11.5.1 版功能选择界面。其中包括标准压缩版和极限压缩版两种模式，这里选中"【01】Ghost 11.5.1"标准压缩模式，直接按 <Enter> 键进入。

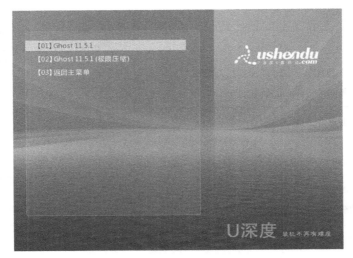

图4-10　Ghost 11.5.1版功能选择界面

4）随后打开 Ghost 11.5.1 程序主界面，首先需要选择要备份的方式。大多数情况下，可直接执行"Local"→"Partition"→"To Image"命令，即采用"分区对镜像"的备份转换方式，如图 4-11 所示。

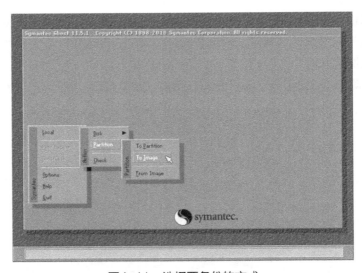

图4-11　选择要备份的方式

【知识链接】

如果此时鼠标不可用，用户也可以通过按＜↓＞和＜→＞等方向键来选中对应的选项命令，然后按＜Enter＞键完成上述操作。

5）这时进入选择本地源驱动器界面，如图 4-12 所示。选择本地硬盘驱动器（即"2 Local"

选项），然后单击"OK"按钮。如果鼠标不可用，则可以按键盘的 <Tab> 键切换到要选择的项目或菜单中，然后按 <Enter> 键确认即可（下同）。

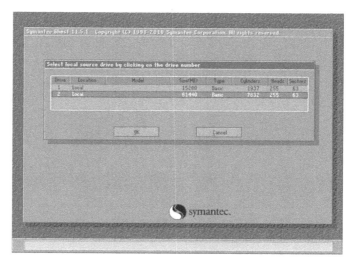

图4-12　选择本地源驱动器

6）接下来进入选择磁盘源分区界面，选择一个要备份的磁盘分区，如图 4-13 所示。由于操作系统一般会安装在 C 盘，所以应选择第一分区（主分区），即"1 Primary"选项，然后单击"OK"按钮。

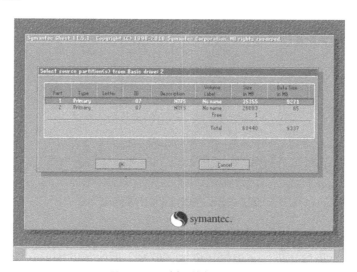

图4-13　选择磁盘源分区

7）这时进入"镜像文件配置"界面。单击"Look in"下拉列表框后的下拉按钮，指定镜像文件保存的位置（如 D 盘），此处选择"2.2：[]NTFS drive"选项。（注意，用来存放备份镜像文件的分区要留有足够的磁盘空间。）在"File Name"文本框中输入镜像文件的名称（如"Win7ghost"），如图 4-14 所示。

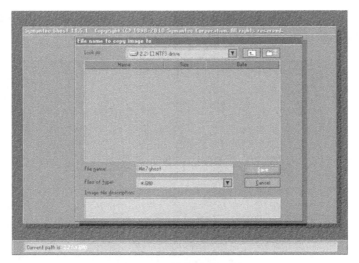

图4-14　镜像文件配置

8）单击"Save"按钮，随后弹出压缩镜像文件对话框。Ghost软件提供了"No""Fast" "High"三种镜像压缩方式，如图4-15所示。

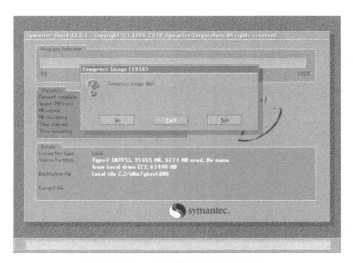

图4-15　压缩镜像文件对话框

这三种压缩方式各有优劣，分别简述如下：

● "High"表示高度压缩，其数据压缩比例较高，所生成的镜像文件占用空间较小，但是镜像制作和系统还原过程将耗费较长的时间。

● "Fast"表示快速压缩，它降低了数据压缩的比例，能够缩短镜像制作和系统还原所耗费的时间，但是最终生成的镜像文件体积较大。

● "No"表示不压缩，镜像制作和系统还原的速度最快，但是镜像文件所占用的磁盘空间更庞大。

为了加快镜像压缩的速度，同时保障镜像文件在制作过程中的稳定性，这里采用"Fast"

镜像压缩方式。

9）单击"Fast"按钮，随后弹出如图4-16所示的确认创建镜像对话框，询问用户是否要创建分区镜像文件。

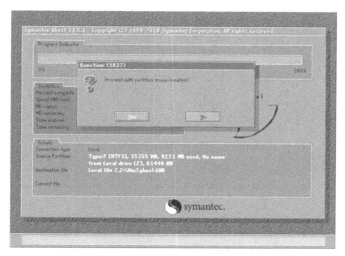

图4-16　确认创建镜像对话框

10）单击"Yes"按钮，Ghost软件开始执行备份命令，并显示当前备份任务的实时进度、备份速度、备份的数据量、备份已用时间以及预估的剩余时间等信息，如图4-17所示。

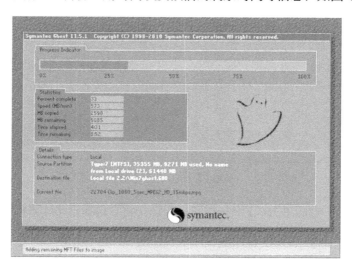

图4-17　备份执行进程

11）Ghost备份结束后，弹出镜像文件创建完成对话框，提示本次备份操作已成功完成，如图4-18所示。

12）单击"Continue"按钮，返回Ghost程序主界面。单击菜单最下方的"Quit"命令，弹出如图4-19所示的"Quit Symantec Ghost"对话框，询问用户是否要退出Ghost软件。

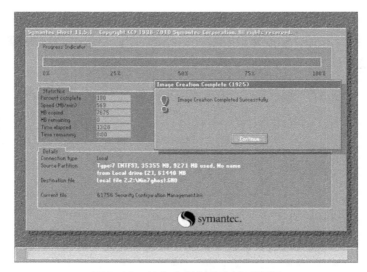

图4-18 镜像文件创建完成对话框

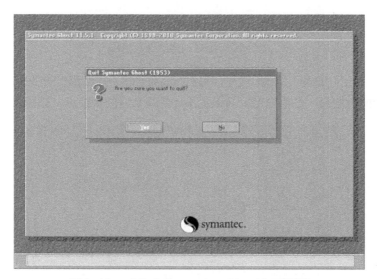

图4-19 "Quit Symantec Ghost"对话框

13）拔出 U 盘，然后单击"Yes"按钮，Ghost 将会重新启动计算机。重启后在 D 盘中将会看到已经生成的 Ghost 镜像文件"Win7ghost.GHO"。至此，使用 Ghost 软件制作系统镜像文件就已全部完成。

【知识链接】

> 可以把制作好的 Ghost 镜像文件复制到 U 盘启动盘的"GHO"文件夹下，这样便于计算机的日常维护。尤其是当保存在硬盘中的 Ghost 镜像文件损坏而无法使用时，就可以通过 U 盘来迅速还原系统。

【实践技能评价】

	检查点	完成情况	出现的问题及解决措施
使用 U 盘启动盘备份 Windows 7 操作系统	用制作好的 U 盘启动盘引导计算机启动，并备份实训计算机的 Widnows 7 系统	□完成　□未完成	
	采用"Fast"镜像压缩方式来备份系统，并将镜像文件命名为"Win7gho"	□完成　□未完成	
	重启计算机，检查"Win7gho"镜像文件的保存位置与容量大小，并确认本次备份是否成功	□完成　□未完成	

 》 任务3　使用U盘启动盘恢复系统

当系统出现重大故障而无法正常工作，或者系统运行速度严重下降时，就可以用 Ghost 镜像文件迅速恢复系统。

1）插入 U 盘启动盘，开机打开 U 深度主菜单，选中"【06】Ghost 备份还原工具"选项，随后进入 Ghost 程序主界面，用鼠标或 <↓>、<→> 等方向键依次单击"Local"→"Partition"→"From Image"命令，指定从镜像文件中恢复系统，即通过"镜像对分区"进行转换，如图 4-20 所示。

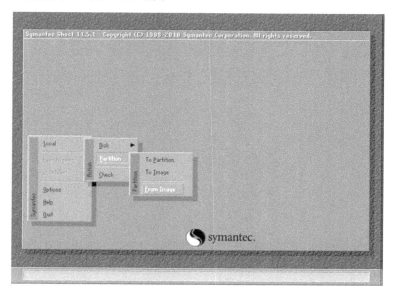

图4-20　指定从镜像文件中恢复系统

2）随后弹出选择镜像文件对话框，在"Look in"下拉列表框中选择"2.2:[]NTFS

drive"选项，在下面的列表框中选择已做好的系统镜像文件"Win7ghost.GHO"，如图4-21所示。

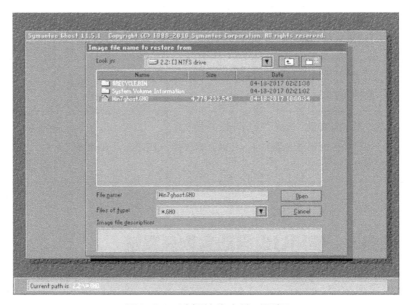

图4-21　选择镜像文件对话框

3）单击"Open"按钮，随后弹出选择源分区镜像对话框，上面显示了该镜像文件的容量大小、文件标签、文件格式等信息，如图4-22所示。

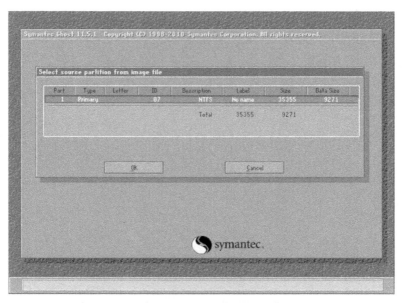

图4-22　选择源分区镜像对话框

4）选中源分区后单击"OK"按钮，弹出如图4-23所示的选择目标驱动器对话框，指定要恢复到的目标硬盘。由于在本机中只有一个硬盘，因此直接单击"OK"按钮即可。

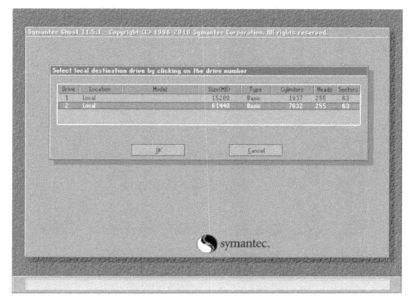

图4-23　选择目标驱动器对话框

5）在弹出的选择目标分区对话框中指定要恢复到的磁盘分区，如图 4-24 所示。本例中要恢复的是系统分区（C 盘），因此这里选择恢复到第一分区，即"1 Primary"主分区。

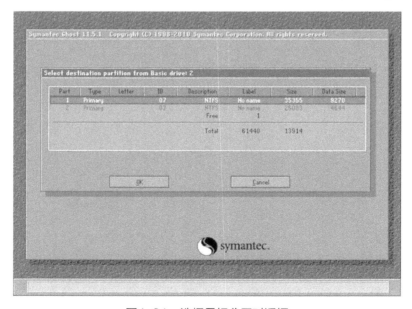

图4-24　选择目标分区对话框

6）单击"OK"按钮，随后弹出执行分区恢复对话框，询问用户是否确定执行分区恢复操作，如图 4-25 所示。

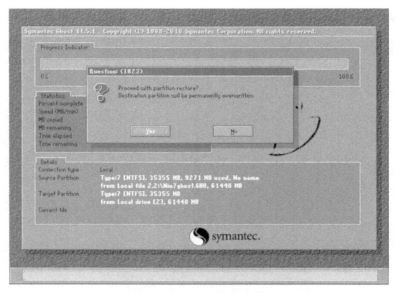

图4-25　执行分区恢复对话框

7）单击"Yes"按钮，进入恢复镜像文件窗口，Ghost 程序开始将镜像恢复至系统分区，并覆盖原系统分区中的所有数据。同时，Ghost 程序还会显示当前恢复的速度、进度、已用时间和剩余时间等信息，这个过程取决于计算机的性能配置和 Ghost 镜像所采用的压缩格式等因素，如图 4-26 所示。

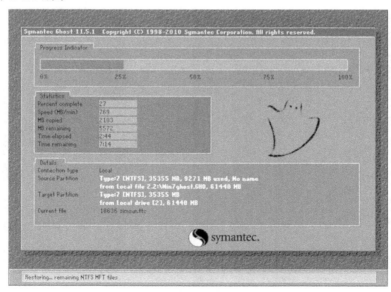

图4-26　恢复镜像文件窗口

8）镜像恢复结束后，弹出如图 4-27 所示的镜像恢复成功对话框，表明 Ghost 程序已完成系统镜像恢复。拔出 U 盘，单击"Reset Computer"按钮，计算机将重新启动。至此，Ghost 镜像恢复操作就已全部完成。

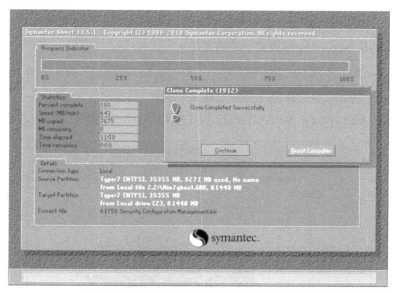

图4-27　镜像恢复成功对话框

【实践技能评价】

	检查点	完成情况	出现的问题及解决措施
使用 U 盘启动盘恢复 Windows 7 操作系统	插入 U 盘启动盘,从 U 深度工具中进入 Ghost 程序界面	□完成　　□未完成	
	在 Ghost 中找到"Win7gho"镜像文件的位置,恢复至 C 盘,并记录恢复过程所用的时间	□完成　　□未完成	
	重新启动计算机,检查恢复后的 Windows 7 操作系统能否正常登录和运行	□完成　　□未完成	

 ≫ 任务4　使用EasyRecovery恢复数据

　　EasyRecovery(易恢复)是一款专业级数据恢复软件,能恢复因人为删除、病毒破坏、磁盘格式化、分区表损坏、系统崩溃等各种原因而丢失或损坏的数据,包括文档、表格、图片、音频、视频、数据库文件、Outlook 电子邮件、Zip 压缩文件等多种文件类型。此外,EasyRecovery 还可以重建分区表、系统引导记录和文件系统,检查、诊断磁盘中存在的错误,功能非常强大。

　　下面以 EasyRecovery Professional 6.1 版软件为例,分别介绍被删除文件和被格式化文件的恢复方法。

1. 使用EasyRecovery恢复被删除的文件

假设在 E 盘中有一个名为"静物图"的文件夹遭用户误删除，且已不在回收站中，可使用 EasyRecovery 将该文件夹以及里面的所有文件恢复。

1）安装 EasyRecovery Professional 6.1 版软件，进入程序主界面，如图 4-28 所示。

图4-28   EasyRecovery程序主界面

2）单击窗口左侧的"数据恢复"选项，在打开的"数据恢复"界面中将同步显示该选项所包含的几个主要功能，如图 4-29 所示。

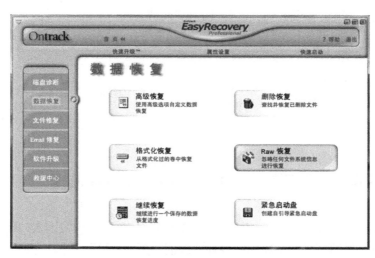

图4-29   "数据恢复"功能窗口

3）单击"删除恢复"功能项，弹出如图 4-30 所示的"目标文件警告"对话框，提示用户需将待恢复的文件保存到除源位置以外的其他目标位置。

4）单击"确定"按钮，随后进入分区选择界面。用户要选择被删除文件所在的磁盘分区，这里选择 E 盘，如图 4-31 所示。

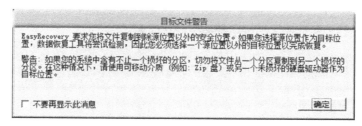

图4-30 "目标文件警告"对话框

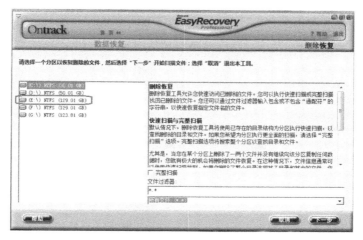

图4-31 分区选择界面

5）单击"下一步"按钮，EasyRecovery 软件开始扫描 E 盘，随后在窗口左侧的列表框中显示扫描到的已删除文件夹列表，其中包括已被彻底删除的"静物图"文件夹。单击"静物图"文件夹，在窗口右侧会同步列出该文件夹下原有的各个图片文件。选中"静物图"文件夹前面的复选框，其下所有图片也将一并被选中，如图 4-32 所示。

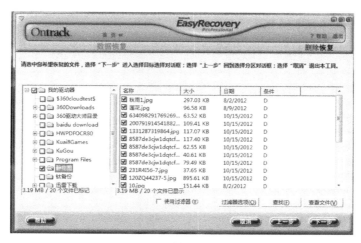

图4-32 选择需恢复文件

6）单击"下一步"按钮，进入指定恢复文件保存位置界面。可在"恢复至本地驱动器"后的文本框中指定一个已有的文件夹（这里输入"G:\ 恢复文件 \"），如图 4-33 所示。也可以单击"浏览"按钮，然后进入硬盘中选择一个文件夹。

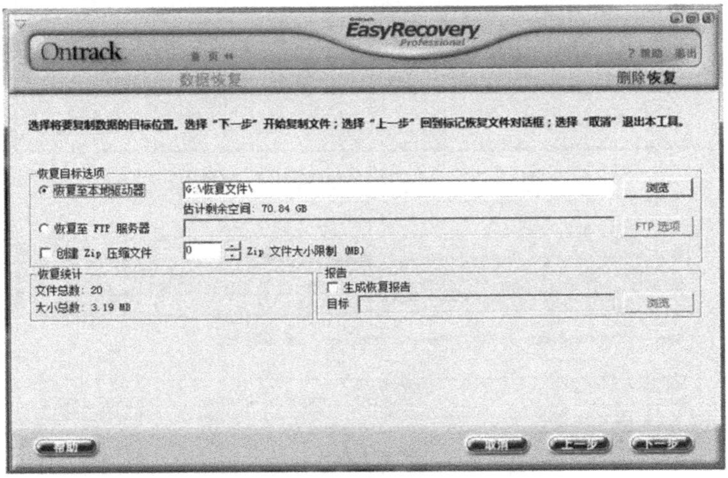

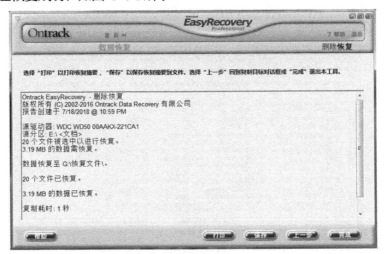

图4-33　指定恢复文件保存位置

【知识链接】

　　用户可以将恢复的文件夹与文件保存在本地硬盘中（但不能保存到原分区），建议先在其他磁盘分区中创建一个文件夹，专门用于存放恢复的文件。

7）单击"下一步"按钮，EasyRecovery 开始执行恢复命令。稍等片刻后，软件会显示一个恢复结果报告，其中显示了本次恢复操作的具体情况，表明"静物图"文件夹和其下的所有图片文件均已恢复成功，如图 4-34 所示。

图4-34　恢复结果报告

8）单击"完成"按钮，在弹出的"保存恢复"对话框中单击"否"按钮，即可返回 EasyRecovery 软件主界面。此时，在 G 盘中就可以看到已经恢复成功的文件夹与图片文件了。

【实践技能评价】

	检查点	完成情况	出现的问题及解决措施
使用 EasyRecovery 恢复被删除的文件	在计算机中分别删除若干文件夹、图片和歌曲文件，然后使用 EasyRecovery 依次进行恢复	□完成　　□未完成	
	分别检查上述被删除的文件是否已经全部恢复成功	□完成　　□未完成	
	逐个打开已经恢复的图片和歌曲文件，确认这些文件都能正常使用	□完成　　□未完成	

2. 使用EasyRecovery恢复已被格式化分区中的文件

当某个磁盘分区被格式化之后，如果该分区中还有重要资料没有备份，用户仍然可以通过 EasyRecovery 软件将其恢复。

1）打开 EasyRecovery 软件主界面，进入"数据恢复"界面（如图 4-35 所示）。单击"格式化恢复"功能项，在弹出的"目标文件警告"对话框中单击"确定"按钮，如图 4-35 所示。

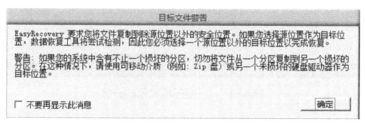

图4-35　"目标文件警告"对话框

2）随后进入"格式化恢复"界面，选择已被格式化且需要恢复的磁盘分区，这里选择 E 盘。同时，在"先前的文件系统"下拉列表框中，选择该分区原先使用的文件系统类型，这里为默认的"NTFS"类型，如图 4-36 所示。

3）单击"下一步"按钮，EasyRecovery 软件开始扫描已格式化分区中的文件系统、磁盘区块以及原有的文件和文件夹，如图 4-37 所示。如果该磁盘分区的容量较大，扫描和分析过程将可能比较漫长。

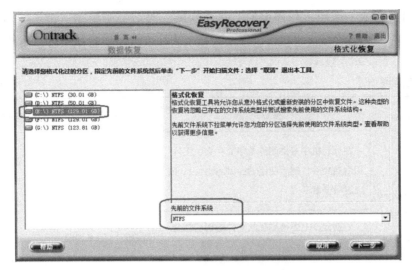

图4-36　"格式化恢复"界面

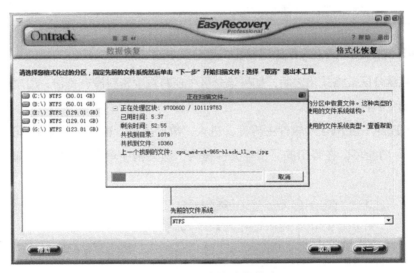

图4-37　扫描已格式化的分区

4）扫描分析完成后，将进入文件恢复选择界面。在左侧列表框中显示了EasyRecovery扫描到的文件夹列表，而窗口右侧则列出了某个文件夹中的原有文件。选中一个或多个要恢复的文件夹（这里选中"东山公园"文件夹），并选中其前面的复选框，在右侧列表框中可以看到该文件夹内的所有图片文件也同时被选中了，如图4-38所示。

5）单击"下一步"按钮，进入设置数据恢复路径界面，用户要指定用于存放所恢复文件的磁盘路径。单击"浏览"按钮，可选择一个合适的磁盘分区和文件夹，这里把文件恢复至"D:\数据恢复\"路径之下，如图4-39所示。

6）单击"下一步"按钮，EasyRecovery开始进行文件恢复，操作完成后弹出格式化恢复结果报告，如图4-40所示。

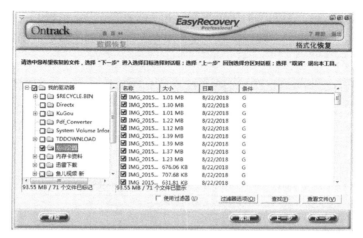

图4-38　选择要恢复的文件

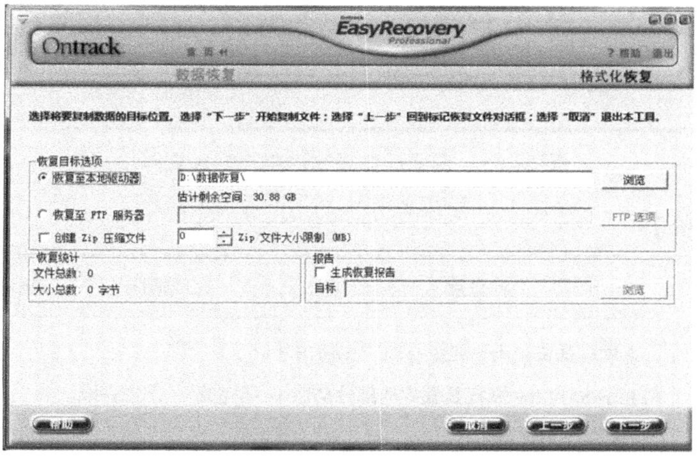

图4-39　数据恢复路径

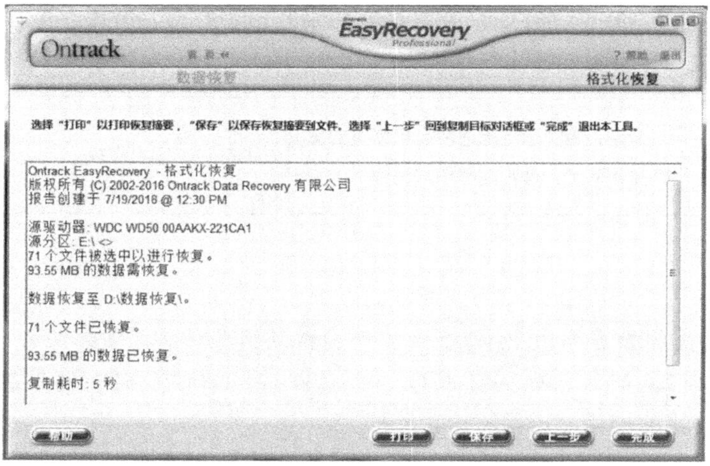

图4-40　格式化恢复结果报告

7）单击"完成"按钮，在弹出的"保存恢复"对话框中单击"否"按钮，返回 EasyRecovery 软件主界面。然后进入 D 盘的"数据恢复"文件夹中，可以看到已恢复成功的文件夹与图片文件，如图 4-41 所示。

图4-41　查看已恢复文件夹与图片文件

【实践技能评价】

	检查点	完成情况	出现的问题及解决措施
使用 EasyRecovery 恢复已被格式化分区中的文件	在实训计算机中格式化 E 盘，再使用 EasyRecovery 恢复 E 盘中的部分文件（恢复至 D 盘保存）	□完成　　□未完成	
	准备一个实验用的 U 盘，先在 U 盘中存放一些测试文件，将 U 盘格式化后再把这些文件恢复至 D 盘保存	□完成　　□未完成	
	分别检查、验证上述所有已恢复的文件是否齐全，是否能够正常使用	□完成　　□未完成	

【知识链接】

　　除了恢复丢失的数据外，EasyRecovery 还能修复因各种原因而无法打开的文档，包括 Word、Excel、PowerPoint、Access、PST 邮件文档、ZIP 压缩文件等。用户可以通过"文件修复"或"Email修复"功能来完成对应的修复工作。

>> 知识巩固与能力提升

1. 参考书中的操作示例，使用 U 深度工具软件制作一个 U 盘启动盘。

2. 使用制作好的 U 盘启动盘备份 Windows 7 系统，或者进入 Windows PE 微系统桌面，运行一键备份工具来备份 Windows 7 系统。

3. 还原一次 Windows 7 系统，并检查还原后的系统是否能够正常使用。

4. 在实训计算机中，删除某些用户文件（非系统盘中的文件），然后格式化一个逻辑分区（事先备份好重要文件），再使用 EasyRecovery 软件分别进行删除恢复与格式化恢复，观察能否将丢失的数据还原回来。

>> 职业素养

小霖：系统还原与数据恢复的作用挺大的，关键时刻往往能拯救计算机系统和重要的数据资料呢！

王工：没错，作为技术人员需要掌握相关的恢复操作技能。但是，技术上的恢复只能作为一种事后补救措施，最有效的办法是养成良好的计算机使用习惯，同时要对系统和重要的资料进行备份。

小霖：明白了，从现在开始，我要逐步培养自己规范操作、及时备份的习惯，尽可能避免遭受不必要的损失！

▶ 实践项目8 维护和保养计算机硬件设备

>> 项目概述

本项目主要讲授计算机硬件设备的保养维护方法以及在计算机日常使用方面的注意事项，以保持计算机最佳的运行状态，并降低发生硬件故障的可能性，从而延长计算机的使用寿命。

>> 项目分析

本项目通过讲解与演示计算机硬件设备的维护和保养过程，让学生掌握设备保养维护的基本要求、注意事项与操作方法，并能够举一反三，通过小组合作对计算机硬件设备进行一次清洁保养，同时对实践技能有一个直观的自我评价。

本项目需准备一台实训用计算机，包括相关的主机部件、外部设备，以及清洁工具，如各种毛刷、清洁布等。

计算机的保养与维护主要是对计算机定期进行清理、清洁和优化，包括硬件设备的清洁除尘、磁盘存储空间及系统垃圾数据的清理等方面。除了计算机自身的保养外，用户操作的正确与否也会对计算机的正常运行产生很大的影响。

≫ 任务1 初步检查计算机

在开始进行保养维护之前，先对计算机的周边环境和当前的工作状态进行初步检查，这样能帮助用户对计算机得出直观的判断，便于开展有针对性的保养措施。

1）检查计算机的工作环境，确保室内环境通风良好，阳光没有直射到计算机设备上，温度和湿度都控制在合理范围内。

2）检查机箱内各种配件与主要外设的灰尘是否积聚过多，并将机箱可能存在的静电消除掉。

3）检查计算机周边是否存在大功率、强磁场的设备，如果有，则将这些设备移走。

计算机保养与维护涉及的范围较广，一般来说应遵循以下几点基本要求：

（1）保持室内环境的空气流通

计算机在运行时，会在相对狭小的局部范围内产生较多的热量，如果室温过高且通风不良，就会影响计算机（尤其是主机部件）的散热。因此，计算机最好放置在通风条件良好的房间中，室内温度维持在 5 ~ 35℃范围内，交流电压稳定在 220V 上下。如果夏天气温过高，还可以打开机箱侧盖挡板，用风扇促进机箱内部的散热。

（2）注意除湿、防尘和防静电

计算机对其所处的环境非常敏感，灰尘、水汽和静电都是影响计算机运行的不利因素。用户应定期对计算机部件进行除尘清洁；在潮湿的季节，应尽量常开计算机，以驱散机箱内凝聚的水汽；在较为干燥的秋冬季节要特别注意人体静电的危害，尽量不要直接用手触碰主机配件，防止静电烧毁电路元件。此外，还可以使用带过载保护的三孔电源插排，能有效减少静电的积聚。图 4-42 所示为两款带过载保护功能的三孔电源插排。

（3）远离电磁干扰

大功率电器、电子产品和变压器会产生强烈的磁场效应，这不仅会影响显示器、主板、显卡等设备中的敏感电路，严重时还可能会造成设备损坏和硬盘数据丢失，因此要尽量使计算机设备远离各种强干扰源。

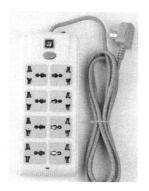

图4-42　三孔过载保护电源插排

（4）养成良好的计算机使用习惯

良好的使用习惯对于保障计算机稳定和安全的运行是很重要的。例如，用户应遵循正确的开／关机操作方法，开机时应先开启显示器、音箱等外设，最后再开主机电源，而关机时则要先关主机电源再关闭外部设备。另外，不要频繁地开／关机，这对主机部件（特别是硬盘）的损伤很大。再有当计算机在正常工作时，不能直接拔电关机，以免因强行关机而导致硬盘或其他部件损坏。

【实践技能评价】

	检查点	完成情况	出现的问题及解决措施
评估计算机的工作状态	了解保养计算机设备的基本要求	□完成　　□未完成	
	检查室内通风环境和电器设备的摆放是否合理	□完成　　□未完成	
	释放人体、衣服和计算机设备上的静电	□完成　　□未完成	
	评估实训计算机当前的工作状态，思考如何进行清洁保养	□完成　　□未完成	

≫ 任务2　保养和维护主机部件

1. CPU的日常保养与使用注意

CPU作为计算机最关键的部件之一，若发生故障将对计算机产生非常重大的影响。CPU的基本保养要求包括以下几点：

（1）定期检查CPU的温度状况　　CPU对温度变化极为敏感，如果核心温度上升过快将严重影响其稳定性。用户可通过BIOS或工具软件查看CPU当前的工作温度，若发现温度持续过高，则要检查硅胶的散热效果和风扇的运行状态。如果硅胶已经老化变硬，可刮掉老硅胶；重新涂抹一层新硅胶；若发现风扇转动不好，可以给风扇轴承部件加注润滑油或者更换新风扇。

在图 4-43 中，系统工具软件检测到 CPU 温度存在异常，提醒用户检查散热器或者风扇是否存在问题。

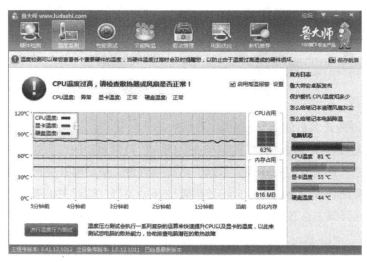

图4-43　CPU温度检测异常

（2）不要忘记给风扇除尘　风扇在转动时容易吸附灰尘，时间长了不仅会阻碍风扇的转动和通风，还会产生噪音，因此建议每半年左右清理一次风扇。清理时先将散热片和风扇拆开，用毛刷轻轻扫除风扇扇页上的灰尘，如图 4-44 所示，散热片可以直接用清水冲洗。如果风扇在正常运转时噪声过大，往往是由于风扇内部的润滑油已消耗完所致，这时就需要给风扇轴承加注润滑油，如图 4-45 所示。

图4-44　清扫风扇上的灰尘

图4-45　给CPU风扇轴承加注润滑油

（3）如非必要，尽量不要超频　目前市面上的 CPU 大多带有动态加速功能，若工作负荷增大，CPU 会自动加速运转，并有可能会超过其额定的主频值。额定的主频对于大多数用户来说是足够用的，在没有较大把握的情况下，用户不要轻易超频，如确实有需要进行超频，则应注意该款 CPU 的超频支持范围以及所允许的超频方式。

2. 主板的日常保养与维护方法

主板是较为特殊也是比较容易出现问题的主机部件，在日常使用中要注意下面一些事项：

（1）注意防尘、防潮与防静电　主板由于自身面积较大，各种线路与电子元件繁多，很容易吸附灰尘、水汽和静电，从而导致部件接触不良，甚至对敏感元件产生致命的静电损害，所以要特别注意清除主板上的灰尘和水汽，另外也可以使用带有防静电材质的机箱，以提升静电的防护和消除效果。图4-46与图4-47所示为清除主板各处的灰尘杂质。

图4-46　用喷嘴吹掉插槽内的灰尘　　　　图4-47　用毛刷清扫主板表面的灰尘

（2）固定螺钉不要拧得过紧或力度不均　在安装主板时，用于固定主板的螺钉不要拧得太紧，且各个螺钉都应尽量用同样的安装力度，以保证主板能够平稳放置。如果螺钉拧得太紧或力度不均匀，主板则容易产生变形，进而影响主板自身与其他部件的正常运行。

3. 内存的日常保养与维护方法

内存的构造相对简单，然而在日常使用过程中却频出问题，因此对内存的保养维护不容小视。

（1）定期清除灰尘杂物　内存表面和内存插槽处往往会积聚较多的灰尘，可用毛刷清扫干净。有条件的用户还可以使用小型吹风机将机箱内的灰尘吹干净，但要注意把握好吹风机与机器的距离和角度，以免在吹风时因空气冲击力度过大而损坏部件，如图4-48所示。

（2）擦除金手指的氧化层　内存金手指在长期使用后，容易产生氧化，呈现灰暗的颜色，这会导致内存与主板接触不良，影响内存的稳定性。可用干净的橡皮擦轻轻擦拭内存金手指的氧化部位，直到金手指重新变得光亮，如图4-49所示。

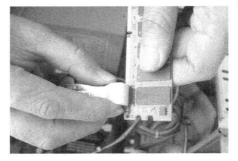

图4-48　使用吹风机清除机箱内的灰尘　　　图4-49　擦除内存金手指的氧化层

（3）避免内存之间的冲突故障　在安装两条或多条内存时，务必要采用品牌和规格相同的内存产品。如果要组建双通道或三通道内存，则需注意主板对该类内存通道模式的具体要求，以免留下稳定性和安全性方面的隐患。

4. 硬盘的日常保养与使用注意

计算机所用的硬盘主要包括机械硬盘与固态硬盘两大类，它们在保养与维护方法上也有一些区别，下面分别进行介绍。

（1）机械硬盘的使用注意事项　由于结构和材质较特殊，机械硬盘很敏感，也很娇弱，搬运或使用不当极易造成各种故障甚至物理损伤，因此务必要小心呵护。

1）不要私自拆开硬盘，非专业拆解就意味着硬盘报废。

2）要轻拿轻放，硬盘指示灯频繁闪烁时应尽量避免磕碰和振动，否则磁头有可能会刮伤盘片，造成磁盘产生坏道。此外，不要直接带电拔插硬盘，这对硬盘的伤害非常大。图4-50所示为一块因盘片被划伤而报废的机械硬盘，箭头所指处为划伤的区域。

3）切勿随便用手触摸硬盘背面的电路板，手上带的静电或水分都可能会伤害电子器件。正确的方法是握住硬盘的两侧，手指要避免接触硬盘的电路板，如图4-51所示。

图4-50　因盘片被划伤而报废的硬盘　　　　图4-51　握住硬盘的两侧

4）要正常关闭计算机，不可直接拔掉电源，否则容易损伤盘片。

5）防止高温、水汽和电磁辐射这类对硬盘的伤害。高温会造成电子元件失灵，水汽凝结在电路板上有发生短路的危险，强磁场容易导致盘片介质被磁化，数据遭破坏，所以机箱内要保持通风散热，同时尽量不要靠近手机、音响、电机、冰箱、电视机等辐射较强的电器设备。

6）定期查杀病毒，确保硬盘免受病毒程序的损坏。

（2）固态硬盘的使用注意事项　固态硬盘和机械硬盘构造原理不同，在日常使用中也有一些注意事项。

1）尽量少分区。固态硬盘无须划分过多的分区，不然会造成硬盘空间的浪费，也会影响固态硬盘的运行性能。

2）尽量不要进行碎片整理。家用型固态硬盘多采用 MLC NAND Flash 芯片，这类芯片的擦写寿命有限（大多在 10 000 次以内），而碎片整理程序会频繁地擦写硬盘，从而缩短固态硬盘的使用寿命。

3）防止应用软件过多擦写硬盘。电影、游戏、歌曲以及 P2P 下载程序不要放在固态硬盘中，以减轻硬盘的擦写负荷。

5. 显卡的日常保养与维护方法

显卡和其他板卡部件容易发生接触性或散热方面的问题，在日常保养和维护中应做好以下几点：

（1）保障散热效果　显卡保养的核心问题是散热，对于不少性能级或高端级独立显卡，可选择水冷、热管等高效的散热系统。在安装时，显卡周围（特别是显卡风扇一侧）要留出足够的空间，这样才能及时、快速地排走热量。

（2）接口要有效固定　显示器数据线接头要固定安装在显卡的对应接口上，拧好两边的螺钉，虚接容易损坏显卡的接口。

（3）定期清理污物　显卡表面的灰尘、污渍或金手指上的氧化物要注意清洁干净，如图 4-52 所示。有条件的用户还可以使用无水酒精来清洗板卡表面，或冲洗声卡上的插孔，再用音频线的插头反复拔插，最后用吹风机吹干板卡上残留的液体即可。

图4-52　清理显卡表面的灰尘

6. 电源的日常保养与维护方法

电源是整个计算机的动力之源，特别注重运行的高效性与稳定性，在保养时要注意以下几点：

（1）定期做好清洁除尘　电源的进风口是灰尘最容易侵入的地方，过多的灰尘积聚不仅会影响风扇的转动，还会产生不小的噪音。在对电源进行清洁时，要先卸下电源盒的固定螺钉，取出电源盒、外罩和风扇，用纸板将电源的电路板与风扇隔离开来，然后用毛刷将积尘扫除干净。另外，也可以用吹风机或气筒吹掉电源风扇叶和轴承上的灰尘。

（2）及时加注润滑油　电源若使用久了，轴承由于润滑不良会产生较大的噪音，因此需要加注润滑油。打开电源外壳，找到电机轴承，然后往轴承上滴 3 ~ 4 滴润滑油，并用手拨动风扇，让油均匀浸入轴承内就可以了。

（3）注意改善局部散热效果　电源自身会排出较多的热量，在室温较高时，如果电源不能及时、有效地散热，将有可能烧毁电源。因此，用户在放置计算机时，不能过于贴近墙壁，而应该在主机与墙壁之间留出一定的空间，这个距离建议在 20cm 以上。同时，要整理好主机后部的插排和线缆，清除各种杂物，以保持良好的通风散热环境。

实训　对主机部件进行保养与维护

【操作步骤】

1）检查主板、CPU、内存、硬盘、电源、板卡等主要部件安装的完好性，是否存在较多的灰尘杂质。

2）对上述各种主机部件进行除尘、除湿等清洁保养措施，并观察这些部件是否有烧坏、变形、损伤等问题。

3）记录主机部件的清洁保养过程，并针对相关问题进行讨论分析，尽可能地给予相关部件力所能及的修复。

【实践技能评价】

	检查点	完成情况	出现的问题及解决措施
对主机部件进行保养与维护	检查主机内各个部件的状况，指出部件在安装、接线、清洁等方面存在的问题	□完成　　□未完成	
	根据实际情况与需要，制订主机清洁保养的实施方案，并准备必要的工具和辅助材料	□完成　　□未完成	
	对主机部件有针对性地进行一次保养维护，并记录保养前后部件的状况对比	□完成　　□未完成	

任务3　保养和维护外部设备

1. LCD显示器的日常保养与使用注意

LCD 显示器是一种比较"娇气"的设备，只有日常保养得当，才能保障显示器持续稳定地工作，并延长显示器的使用寿命。

（1）防止振动碰撞　LCD 显示器的液晶屏幕十分脆弱，要避免显示器遭受碰撞、震荡或者划刮，更不能用重物压住液晶屏幕和显示屏盖。

（2）避免屏幕长时间工作　显示器若长时间工作容易导致 LCD 屏幕色彩失真，加剧显示器内部元件的老化，从而影响显示器的寿命。所以在不用的时候，最好关闭显示器。

（3）定期清洁屏幕　显示器用久了以后，屏幕上常会吸附一层灰尘，有时还会沾上水渍或其他污垢，这就需要对屏幕进行清洁。清洁的方法很简单，先关闭显示器，将干净柔软的纯棉无绒布蘸上清水，然后稍稍拧干，再从液晶屏幕的一边向另一边轻轻擦拭，清洁完成后自然风干水汽即可。图 4-53 所示为使用清洁工具擦拭液晶屏幕。

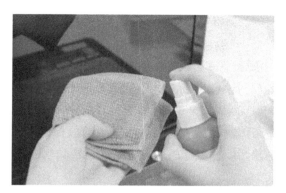

图4-53　使用清洁工具擦拭液晶屏幕

【知识链接】

　　为清除屏幕上的顽固污垢，用户可使用专门擦拭液晶屏幕的清洁剂和清洁布，但不要使用硬纸或硬布来擦，也不可用力挤压屏幕，以免造成物理性损伤。

　　（4）勿用硬物划刮液晶屏幕　显示器屏幕属于玻璃制品，容易被硬物刮伤，所以用户平常应该避免用指甲、笔尖、硬币、纽扣、钥匙等硬物去触碰、敲击或划过屏幕。

2. 键盘与鼠标的日常保养与使用注意

　　（1）键盘的清洁与保养　最简单的清洁方法是把键盘反过来轻轻拍打，使里面的灰尘或杂物掉落出来。另外，还可以用毛刷清扫键盘表面，或者用拧干的湿布擦拭键盘。如果杂物仍然存在，则可使用大功率的吹风机或风筒吹干净。对于难以清除的污垢，还可使用无水酒精或清洁胶来清理，如图4-54和图4-55所示。

图4-54　使用无水酒精擦拭键盘

图4-55　使用清洁胶清理键盘

　　如果键盘特别脏，或者按键已经不灵敏，则可以拆开键盘，取出里面的薄膜，吹掉上面的灰尘，再用无水酒精或清洁软胶轻轻擦拭顽固的污物。键帽和弹性硅胶可拆下来用水清洗，放在阴凉通风的地方沥干，再安装回去就可以了。

（2）鼠标的清洁与保养　鼠标虽然体积小巧，操作简单，但其日常的保养与维护也同样不能忽视。

1）光电鼠标在使用中要避免摔碰鼠标和用力拉扯数据线，单击按键的力度要适宜，以防损坏弹性开关。另外，最好配备一张鼠标垫，这既能增加鼠标操作的灵活度，还可以起到减振和保护光电元件的作用。

2）注意保持鼠标外壳和鼠标垫的清洁。如需清洁鼠标内部，可先拆开鼠标，用清洁巾或棉签沾上清水轻轻擦除污垢，鼠标的感光头只需轻轻吹气清除表面的灰尘就可以了。

3. 音箱的日常保养与使用注意

用户日常使用音箱的过程中，需要注意必要的保养与维护，这样才能更好地发挥音箱的功效。

（1）合理摆放音箱的位置　主音箱或卫星音箱之间要拉开一定的距离，并根据室内布局摆放在合适的位置，适当调整音箱的朝向，这样能获得较好的立体声效果。音箱上面不要摆放物品，防止因产生谐响而破坏音质，导致声音失真。此外，音箱要远离电视机、手机、收音机等对磁场辐射比较敏感的物品，以免造成干扰。图4-56所示为一套家庭影院型音箱系统的摆设布局。

图4-56　家庭影院型音箱的摆设布局

（2）房间适当摆放杂物　从声学原理上来说，东西杂乱往往能够吸收多余的声波反射，使房间接近正确的混响指数，因此稍显杂乱的房间对听音更有利。用户可以在房间中放置一些大小、形状不一的生活用品或装饰物品，避免房间显得过于整齐、空旷，这对于提升音质是很有帮助的，如图4-57所示。

（3）保持合适的温湿度　音箱内的电子部件大多对温度和湿度的变化很敏感，要避免放在湿气较重的地方或者日光直接照射的位置，否则将可能导致电子部件的迅速老化甚至损坏。在潮湿天气应保持室内通风，常开音箱以驱散水汽；而到秋冬季节时，若空气太过干燥，在房间内放一盆水，也是明智之举。

图4-57 通过在房间中摆放物品来提升音质

实训 外部设备的日常保养与维护

下面对计算机的各种外部设备进行保养和维护。

【操作步骤】

1）检查显示器、键盘与鼠标、音箱、摄像头等外部设备是否安装完好，接口处是否存在较多的灰尘杂质，设备是否已老化严重。

2）测试各个外部设备的工作状况，清除设备接口与连接线的灰尘，测试这些设备的实际使用效果，并检查各种按钮、按键的操作是否灵敏好用。

3）对外部设备的检测与清洁保养过程进行记录，并针对相关问题进行讨论分析，尽可能地给予相关配件力所能及的修复。

【实践技能评价】

	检查点	完成情况	出现的问题及解决措施
外部设备的日常保养维护	检查显示器、键盘与鼠标、音箱、摄像头等外部设备是否存在老化问题或使用上的故障	□完成　□未完成	
	制订外部设备的保养与维护方案，并准备必要的工具和辅助材料	□完成　□未完成	
	对各个外部设备逐一进行保养与维护，然后检查并开机测试维护后的效果	□完成　□未完成	

知识巩固与能力提升

1. 平时应该对计算机做好哪些基本的保养与维护工作？

2. 在春夏和秋冬季节应该如何保护好计算机？

3. 在使用计算机时，你会习惯把手机放在机箱上面或笔记本电脑旁边吗？这样对计算机是否会产生影响？为什么？

4. 对计算机进行保养与维护时应准备哪些工具或材料？要注意哪些问题？

5. 在专业教师的指导下，对实训计算机的主机部件和外部设备进行检查，并根据实际情况对计算机硬件设备进行一次灰尘和污垢的清洁工作。

≫ 职业素养

小霖：看来一台计算机是否好用、耐用，最重要的不是看它的配置如何，而在于对计算机保养所下的功夫。

王工：好机器重在好保养。只有在平时注意计算机操作的规范性并注重计算机的检查与保养，才能让计算机保持稳定、高效的工作状态。

小霖：是啊，不能等到计算机出现故障了才着急维护，日常保养就是最有效的预防措施！

单元5

修复常见的计算机故障 ◀

≫ 职业情景创设

小霖正在使用计算机上网搜索产品资料，突然计算机发生故障死机，重新开机后也无法正常启动系统，于是小霖向王工请教。

小霖：王工，这台计算机出现问题了，鼠标与键盘都无法操作，我重启了一次计算机，但是仍然进不了系统。

王工：好，既然遇到计算机故障了，你不妨尝试判断一下，看看问题有可能会出在哪里。

小霖：计算机启动不了，应该是由于硬件故障或者系统崩溃吧，但是具体原因我判断不出来。

王工：没关系，我们现在就来学习如何诊断和排除常见的计算机故障！

≫ 工作任务分析

本单元着重介绍常见计算机故障的诊断和排除方法，包括故障的类型、产生原因、故障诊断的基本要求以及故障排查处理要点等。此外，本单元还将从多个角度讲解计算机常见故障的特点、症状和解决方法，并有针对性地提供具体的案例分析。

≫ 知识学习目标

- 了解计算机故障的主要类型和产生原因；
- 掌握排除计算机故障的一般思路和常用方法；
- 掌握计算机软/硬件和网络故障的排查方法；
- 掌握计算机蓝屏死机故障的排查方法。

≫ 技能训练目标

- 能够对计算机的常见故障进行初步识别和判断；
- 能够诊断和排除简单的计算机硬件设备类故障；
- 能够诊断和排除一般性的软件和网络类故障；
- 学会查阅相关的技术资料，并用于解决实际问题。

▶实践项目9　诊断与排除计算机故障

项目概述

　　本项目主要讲授计算机故障的相关知识，便于用户对常见的计算机故障有一个直观的了解，并帮助用户初步具备计算机故障诊断与排除能力。

项目分析

　　教师通过讲解计算机故障的产生原因、常用的诊断方法以及典型的排除案例，让学生掌握诊断与排除计算机故障的基本技能，并能够举一反三，检查、诊断计算机软/硬件系统的工作状态，尝试处理简单的故障问题，同时对实践技能有一个直观的自我评价。

项目准备

　　本项目需准备一台实训用计算机、一张主板诊断卡及相关计算机设备。

　　计算机在长期使用过程中，难免会出现各种各样的问题，轻则影响计算机的运行速度和正常操作，重则可能会导致系统崩溃甚至硬件损坏。掌握基本的故障排查与维修知识，能让用户快速处理计算机故障，恢复系统的正常运行。

▶任务1　分析计算机故障产生的主要原因

　　计算机故障产生的因素非常复杂，硬件、软件、网络系统以及用户有意或无意的行为都可能会产生无法预知的故障。但总体而言，计算机故障的形成主要包括以下几个方面：

　　（1）计算机软/硬件产品的质量问题　计算机软件或硬件产品在设计、开发、制造过程中如果存在缺陷或漏洞，就有可能会降低产品质量，存在各种潜在的隐患，在某些情况下还会造成严重的后果。这是一类属于产品底层的先天性问题，只能通过厂商召回产品或发布补丁程序来进行修复。

　　（2）计算机使用环境的影响　计算机配件多为集成度较高的电子产品，对外界环境有一定的要求。如果计算机所处的环境不符合其正常运行的标准，则可能会造成各种故障频发。影响计算机正常使用的环境因素有以下几点：

1）室内温度过高或过低，湿气过重，天气干燥导致静电积聚过多，进而损伤硬件设备。

2）空气中的灰尘和杂质黏附在电路板或电子元件上，阻碍硬件的散热。

3）强烈的电磁波对硬件设备造成物理损害。

4）外接电压不稳导致电子元件老化或烧坏。

（3）硬件设备或软件程序兼容性冲突　计算机系统是由多种不同硬件和软件组成的，这些软/硬件产品之间如果存在兼容性问题，往往就会影响计算机的正常运行，甚至还可能会造成各种难以预知的故障。

计算机的兼容性故障包括硬件兼容性冲突和软件兼容性冲突两类，其中以硬件兼容性冲突最为严重，往往能导致计算机死机或系统崩溃。

（4）病毒恶意攻击和破坏　病毒可利用操作系统或应用软件内部存在的各种缺陷和漏洞，攻击、破坏或控制计算机系统，导致计算机出现各种各样的软件问题甚至硬件故障，进而还会威胁用户敏感数据和账户资金的安全。

近年来，随着互联网＋、云计算、电子商务和在线金融行业的飞速发展，病毒、木马、广告软件等恶意程序在全球范围内的攻击与破坏也呈现出高发态势，目前已成为造成计算机软件故障和信息安全问题的头号"元凶"。

（5）用户操作或管理不当　计算机系统最终是由人来使用的，如果用户日常的操作或管理不当，也会导致计算机出现各种问题。人为故障原因主要包括硬件设备安装不当、软件系统安装不当以及用户管理上的不当等几个方面。

 任务2　计算机故障诊断的常用方法

诊断和排除计算机故障的方法多种多样，下面仅介绍几类常见并且实用的故障处理方法。

1. 直观感觉法

直观感觉法即通过人体的感官去分析、判断故障的位置和原因，它包括望（观察法）、闻（嗅味法）、听（听声法）、切（触摸法）、问（询问法）几个方面，这与中医的诊断疗法比较相似。

（1）望（观察法）"望"就是通过观察主机电源指示灯是否常亮、显示器电源灯是否呈现绿色、键盘指示灯是否在开机时闪烁、显示器的视频线接头是否安装牢固、硬件的连接线缆是否已经脱落、板卡部件的表面是否有明显的伤痕或烧痕、显示屏幕上是否出现错误提示或警告信息等各种情况，用户可以获得直观的感觉，有助于排除一些常见的软/硬件故障。

（2）闻（嗅味法）"闻"即通过嗅觉来分辨计算机内部是否有部件被烧坏。例如，如果计算机散发出焦味、煳味、油漆味、塑料胶味等相似的气味，则说明有可能是某个配件或外部设备的电阻、电感线圈、连接线缆、二极管、金手指或者外部接口等部位已被烧坏，用户可根据发出气味的大致范围，最终确定故障的具体位置。

（3）听（听声法）"听"就是用耳朵辨别计算机所发出的异常响声。一般来说，当计算

机在启动或运行中时，各个部件是没有声音或者呈现正常状态声的。如果计算机发生故障，那么可以仔细听计算机发出的声音，若发出的声音与平常不同，则说明该部件有可能出现了问题。

例如，在正常情况下，主板自检完毕后大多会发出一声"滴"的短音，表明系统能够正常启动（也有一些主板没有自检音），而如果发出三声"滴"的短音，则表示主板开机自检失败；如果主机内发出三声"滴"的长音，则表明内存可能出现接触不良、物理损坏或者内存地址错误等问题；有些老旧的机械硬盘在运转时会发出"咔嚓咔嚓"的声音，这说明该硬盘内部可能存在物理性坏道，若继续使用下去容易造成永久性损坏；如果CPU风扇或电源风扇上积累了太多的灰尘，则可能会发出较大的异常啸声等。用户可根据这些形式各异的提示声音来判别具体的故障原因。

（4）切（触摸法）"切"即通过触摸计算机配件、外部设备或电子元件，感觉其表面形状、安装位置或工作温度是否与正常状态有所不同，从而判断出现问题的可能性。例如，当用手触摸某些电容时如果感觉其体积膨胀，触摸电子元件时如果感觉到弯曲变形，触摸某些主机配件或者外部设备的表面时如果感觉温度很高甚至烫手，都说明这些部件或设备可能出现了问题，甚至有可能已经损坏。

（5）问（询问法）"问"也就是向计算机的使用者询问故障发生前以及发生后的情况，包括发生故障前做了哪些操作、使用者是否安装了新的硬件或软件、是否更改过系统设置、故障发生时计算机是否出现错误提示、故障发生后使用者做了哪些事情等。通过与使用者的沟通和了解，可以初步判断出现的故障究竟属于人为操作不当所致还是计算机自身的问题，进而缩小故障排查的范围。

2. 替换法

替换法是指用一个品牌与规格相同的正常部件去替代怀疑有故障的部件，并观察故障现象是否消失，以此来确定被替换的那个部件是否正常可用。例如，将一个好的板卡插到有故障的计算机中之后，若故障现象不再出现，那么问题就出在原先那个板卡上。此外，如果将某个怀疑有故障的部件安装在一台运行正常的计算机中，计算机随即出现了故障，那么基本可判断该部件存在问题。

替换法特别适合于两台型号和配置都相同的计算机，当一台计算机出现故障时，可以直接用另外一台计算机的同类配件进行替换，从而迅速判断故障出在何处。

3. 最小系统法

最小系统法通常用于排查较为复杂的计算机故障，指的是当计算机发生故障而又无法确定具体部位时，可先保留支持计算机运行的最小硬件系统，其中包括主板（含板载显卡）、CPU（含散热风扇）、内存和电源，通电后观察这几大部件是否能正常启动和运行。在最小硬件系统正常工作的基础上，再逐步添加各个部件与设备，直到出现某种故障，就可以确定问题出在哪个地方了。

最小系统排查法可分为以下三类情况：

1）主板、处理器、内存、电源搭配使用，可检测计算机硬件核心是否能够正常开机。

2）主板、处理器、内存、电源、独立显卡、显示器进行搭配，可检测计算机是否能够正常启动和显示。

3）主板、处理器、内存、电源、独立显卡、显示器、硬盘、键盘进行搭配，可检测计算机是否能够正常进入操作系统。在此基础上，可以再逐步添加鼠标、网卡、声卡、光驱、摄像头、打印机、游戏手柄之类的硬件设备（即逐步添加法），并随时观察计算机的运行情况，密切留意可能会出现的故障现象。

最小系统法与逐步添加法相结合，能快速、准确地定位发生故障的部件，提高计算机的维修效率。

4. 诊断工具辅助法

对于具备一定技术基础的用户，可以借助专业的诊断工具来帮助排除故障，主板诊断卡便是其中的一种。主板诊断卡也叫诊断测试卡，能够收集 BIOS 对各种硬件设备的检测信号，并以十六进制格式显示硬件的诊断代码。

例如，若主板在开机自检时出现错误，用户就可以根据诊断卡中显示的具体代码，并参照该类主板的 BIOS 诊断代码含义表，查找与之对应的故障描述说明。有些智能诊断卡还会采用数字或中文显示，这样就使得硬件诊断信息更加直观，可读性也更强。

与其他诊断工具相比，主板诊断卡可以直接检测硬件级别的错误信号。特别是在计算机启动黑屏、键盘操作无反应、开机自检报警音失效、系统无法引导时，使用主板诊断卡可为用户带来很大的便利性。图 5-1 与图 5-2 所示分别为数字式主板诊断卡与中文显示主板诊断卡。

图5-1　数字式主板诊断卡

图5-2　中文显示主板诊断卡

实训　认识计算机故障

在本实训中，将初步认识计算机故障的基本特点与表现形式，以期能对计算机故障有一个较为直观的了解。由于计算机故障的产生具有一定的特殊性与不可预测性，因此建议用户结合具体的计算机设备、辅助工具或相关软件进行模拟。

【操作步骤】

1）准备一台实训用的计算机，接上电源然后开机，观察该计算机在开机与运行过程中是否会出现各种异常情况，如屏幕不显示、蓝屏死机、发出报警音、屏幕显示错误提示信息等。如果发现上述问题，请将相关问题的症状记录下来。

2）分别拔掉显示器的数据线与电源线，逐次观察显示器将会出现何种现象，指示灯的颜色变化如何，并思考在屏幕没有显示的情况下，如何判别这是主机出现了问题还是显示器出现了问题。

3）关闭计算机电源，打开机箱侧盖挡板，将内存取出，然后通电开机测试，观察计算机会有何种症状，计算机是否会发出故障警告声。测试完毕后将内存安装回原位，保持计算机完好，并将故障症状记录下来。

4）用同样的方法将硬盘的电源线或数据线拔除，并开机观察屏幕上是否会出现故障提示信息，然后将故障症状记录下来。

对于上述各项故障模拟测试，用户在获得第一手故障症状信息的基础上，可以通过与小组其他成员讨论、请教任课老师或专业人士以及上网查阅资料等方式，尝试找到有关产生这一问题的可能原因以及解决该类故障的方法。

【实践技能评价】

	检查点	完成情况	出现的问题及解决措施
认识计算机故障	了解计算机故障的常见类型和产生原因	□完成　□未完成	
	掌握计算机故障排除的一般性方法	□完成　□未完成	
	了解内存、主板、显卡等常见部件的BIOS报警音	□完成　□未完成	

 知识巩固与能力提升

1. 计算机故障产生的主要原因有哪些？
2. 一台计算机发生故障时，应该如何入手进行诊断？简要说明你的思路。
3. 可用哪些方法排除计算机故障？这些方法中哪些是比较直观的？哪些需要具备一定的技术基础？

任务3　诊断与排除常见的计算机故障

计算机的硬件和软件系统在日常使用中均有可能会出现各种故障，不同类型的故障会具备不同的表现特征，在分析和处理方法上也有很大的区别。下面选取部分常见的硬件设备和软件

系统故障进行分类介绍，并对每一类故障分别提供一个典型的解决案例，以供读者参考。

1. 处理器类故障及排除

处理器类故障主要涉及 CPU 和散热风扇。通常情况下，CPU 芯片自身是不会损坏的，造成 CPU 故障的原因大多是 CPU 安装不当、散热器接触不良、灰尘积聚过多、风扇散热效果不好以及用户不正确的设置或超频等。

【故障案例】CPU 使用率过高，导致系统无法正常运行。

【故障现象描述】

某台安装有 Windows XP 系统的计算机，在开机运行一段时间后变得非常慢，打开一些应用软件时系统往往无反应，或者长时间显示忙碌状态。在"Windows 任务管理器"中检查硬件性能的使用状况时，发现 CPU 资源的占用率经常高达 100%，如图 5-3 所示。

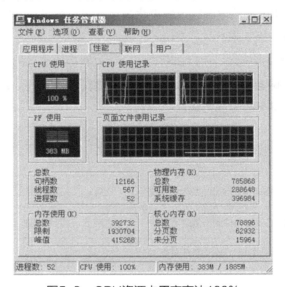

图5-3　CPU资源占用率高达100%

【故障原因分析】

CPU 一般会自动调节其自身的时间分配，但如果经常出现 100% 的资源占用率，说明可能发生异常的进程抢占情况。病毒程序造成的破坏、防毒软件的监控操作过于频繁、硬件驱动程序的质量不佳、系统内部进程出现问题等因素都有可能发生此类故障。

【故障处理方法】

1）重新启动计算机，进入系统桌面后打开"Windows 任务管理器"，单击选中"进程"选项卡，按照 CPU 占用率的高低情况对所有进程进行排序，观察一段时间后发现 CPU 占用率最高的进程为一款杀毒软件的主程序，该杀毒软件所包含的数个进程共占用了 90% 以上的 CPU 资源。

2）退出杀毒软件的实时监控主程序后，CPU 的占用率下降了大约 40%。故卸载该款杀毒软件，然后重启计算机。

3）更换其他品牌的杀毒软件，并全面扫描计算机系统，将检测到的病毒全部删除。经检查，空闲状态下 CPU 的占用率保持在 5% 以内，故障至此解决。

2. 主板类故障及排除

主板电路复杂，所包含的电子元件也很多，因此比较容易出现故障，主要包括接触不良、电路短路、插槽损坏、电池失效、元件和接口损坏或烧毁等。

【故障案例】主板安装不当导致无法开机。

【故障现象描述】

用户将主机各个配件拆卸后进行清洁与维护，当计算机重新组装起来后发现无法开机，主机电源指示灯不亮，计算机没有任何反应。

【故障原因分析】

人为拆卸变动后发生的故障往往是由配件安装不正确、接触不良、连接不牢固或硬件损坏等原因所引起的。

【故障处理方法】

1）首先检查各个配件与插槽、接口以及线缆的安装情况，发现均已安装到位，线缆也连接牢固。

2）将电源拿到其他计算机中进行测试，一切正常，因此排除电源损坏的可能性。

3）仔细观察主板，未检测到高温的元件和烧坏的痕迹，但发现有两颗螺钉拧得过紧，导致主板轻微变形，应该是螺钉老化不好安装，使得用户过于用力而产生了变形。将主板拆下，把变形的区域纠正，并更换新的螺钉，再将其装入机箱，通电后计算机可正常开机，问题就此解决。

3. 内存类故障及排除

内存虽然结构简单，安装容易，但它却是最容易出现故障的计算机部件之一。究其原因，主要有接触不良、金手指老化、兼容性冲突、硬件质量问题、安装或设置操作不当等。

【故障案例】内存接触不良导致无法开机。

【故障现象描述】

一台使用了四年多的计算机，时不时会发生不能开机的问题，主板有时会发出 POST 报警音，有时却无任何声音提示。重新拔插内存后能够正常维持一段时间，之后又会出现同样的问题。

【故障原因分析】

这很可能是由内存接触不良所引起，是一种比较常见的问题，大多为灰尘过多、安装不到位、内存表面氧化等原因。另外，内存质量不佳和提前老化也会导致此类接触性故障。

【故障处理方法】

1）拔出内存条，用毛刷扫除内存表面和内存插槽上的灰尘，再用吹风机将内存插槽里面的灰尘吹干净。

2）然后用干净的橡皮反复擦拭内存金手指区，直到金手指表面恢复光泽。

3）仔细观察内存的存储颗粒、金手指和其他元件，确认内存没有被刮伤、烧伤等痕迹。

4）将内存重新安装到插槽中，计算机可以正常开机，也不再出现上述故障。

4. 硬盘类故障及排除

硬盘是存储操作系统、应用软件以及用户数据的主要设备，也是非常容易受到外界影响和外力破坏的部件。导致硬盘出现故障的主要原因包括接触不良、病毒感染、分区表被破坏、外力摔碰/撞击、磁盘有逻辑或物理坏道、温度/湿度/静电/磁场影响、硬盘质量问题等。

【故障案例】计算机开机时硬盘报错。

【故障现象描述】

一台计算机在开机时出现故障，屏幕显示如下描述信息："DISK BOOT FAILURE, INSERT SYSTEM DISK AND PRESS ENTER"，如图5-4所示。多次尝试重启计算机仍然不能解决。

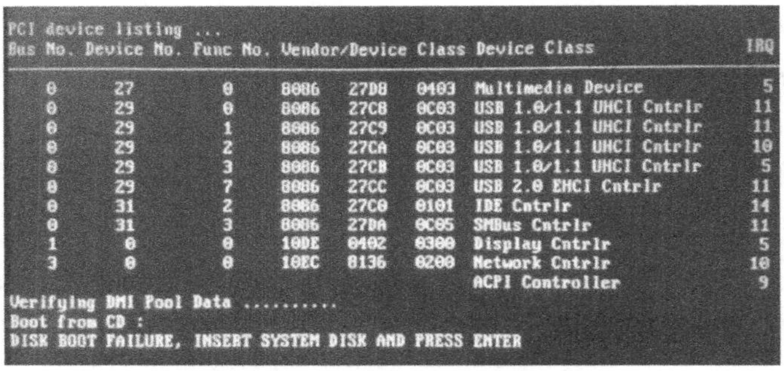

图5-4 磁盘启动失败错误提示

【故障原因分析】

该提示信息大意为"磁盘启动失败，请插入系统盘并按回车键"，这应该是计算机检测不到硬盘驱动器信号，无法从硬盘进行引导。出现这种故障，可能是BIOS中启动引导设置错误，另外也有可能是硬盘接触不良，硬盘数据线、硬盘接口或硬盘内部机械电路有问题。

【故障处理方法】

1）打开机箱，拔掉硬盘数据线，将一端插到另外的SATA接口上，另一端重新连接到硬盘SATA接口中，然而开机发现故障依旧。

2）检查硬盘和主板上的跳线设置，未发现问题。将硬盘拆下拿到其他计算机上进行测试，计算机的启动和运行也都正常。

3）最后，把焦点集中在硬盘接口和数据线上。拔下SATA数据线并仔细检查，发现数据线与硬盘连接的那端接头上有磨损。更换一条新的SATA数据线后，计算机可以正常启动，硬盘也不再报错。

5. 显卡类故障及排除

显卡有集显和独显之分，集显已将GPU芯片和主要元件集成到主板上，发生故障的概率相对较小，而独显和其他独立安装的板卡一样，往往面临着很多故障隐患，如安装不到位、插接不牢固、散热效果不良、显卡质量较差或驱动程序未正确安装等。

【故障案例】显卡接触不良导致计算机无法开机。

【故障现象描述】

计算机开机时黑屏，无任何画面显示，POST 自检不能完成，并发出一长两短的"滴－－滴－滴"报警音。

【故障原因分析】

该主板采用 Award BIOS，一长两短的报警音表明显卡可能出现问题。另外，主板 POST 是按照一定的顺序进行自检的，这个过程大致为：通电—CPU—ROM—BIOS—System Clock—DMA—64KB 基本内存—IRQ 中断—显卡等。显卡之前进行的检测过程称为关键部件测试，这期间若关键部件发生故障，系统将直接挂起，不会有任何声音或画面提示，这也称为核心故障。本例中由于主板发出了报警音，说明主板的关键部件已经通过了 POST 自检。因此，综合上述分析，显卡故障的可能性较大。

【故障处理方法】

1）断电后打开机箱，发现安装显卡的螺钉已经松开，显卡外部接口一侧已出现松动。

2）拆下显卡，发现显卡不仅黏附了较多灰尘，金手指的右侧区域也发生氧化，呈现灰暗的颜色。

3）将显卡和插槽中的灰尘清理干净后，用橡皮擦清除金手指上面的氧化物，重新将显卡安装牢固，开机后计算机运行正常。

主板接触不良或者发生老化、氧化是比较常见的故障，对于那些计算机使用时间较长，室内工作环境不佳，平时又不注意对计算机进行保养与维护的用户来说，要记得定期检查和清洁内存、显卡、声卡等板卡部件。

6. 电源类故障及排除

电源在计算机使用过程中出现问题的概率也不低，常常会影响计算机的正常启动和稳定工作。导致电源发生故障的原因有电源功率不够、市电电压不稳、电源老化、灰尘积聚过多、静电影响、机箱带电、产品质量问题、机箱面板接线不正确或开关不灵敏等。

【故障案例】计算机开机数秒会自动关机。

【故障现象描述】

按下开机电源后，系统能进行正常的开机自检，但几秒后便会自动关机，每次开机都会出现同样的问题。

【故障原因分析】

开机后系统能够正常进行开机自检，说明主板核心部件应该没有问题，但在持续了几秒后便自动关机，这可能是电源供电系统出现故障，或主机某处发生短路而导致关机。

【故障处理方法】

1）先检查市电插座、输入电压和其他电器设备的工作情况，一切正常，没有发现问题。

2）打开机箱，仔细检查电源、主板、硬盘、光驱等部件的接线，确认电源的各个输出接口连接正常，没有出现短路、烧毁或温度过高等情况。

3）接着检查机箱面板上的开机按钮。如果开机按钮后面的弹簧失效，按下按钮后可能就无法正常弹起，这也会导致开机后又自动关机。经反复按下测试，开机按钮可以正常弹起，没有发现卡住或有异物阻塞感等情况。

4）最后怀疑是电源的问题。由于电源风扇能正常转动，没有明显的故障迹象，尝试把电源拿到其他计算机上测试，发现同样会导致开机后自动关机的问题，因此将电源送到经销商处维修。

7. 外部设备类故障及排除

计算机外部设备种类较多，其中显示器、键盘、鼠标、打印机等硬件设备比较容易出现故障，其原因主要有安装或连接不当、硬件自身设置不正确、驱动程序出现问题、设备接口或数据线损坏等。

【故障案例1】液晶显示器屏幕出现黑白线条。

【故障现象描述】

一台已用了将近7年的某品牌液晶显示器，最近在使用时屏幕上总会出现一到两根竖直线条，有时候呈现黑色，有时候又变成白色。关闭显示器数分钟后再次开启电源，线条会消失，但是过一段时间后又会重现，并且近一个月来出现的次数越来越多，如图5-5所示。

图5-5　显示器屏幕上出现白色竖直线条

【故障原因分析】

液晶显示器在长期使用之后，其液晶面板和控制电路可能会发生老化，屏幕出现黑色或白色的"亮线"便是一种常见的现象。这类故障除了接触不良的因素外，还可能是由于液晶面板或控制电路出了问题，如部分电容或电阻损坏等。

【故障处理方法】

首先检查显卡接口和显示器的数据线端口，确认没有出现端口接触不良、断针、损坏等情况，那么基本可以确定是显示器内部的硬件问题，考虑到显示器的使用年限，这很可能是元件老化所致的不可逆故障，只能做送修处理，但维修费用会比较高，因此建议客户更换显示器。

【故障案例2】启动计算机时不能识别键盘。

【故障现象描述】

计算机在开机后，屏幕上出现 "Keyboard/Interface Error，Press F1 to Resume" 的错误提示，如图5-6所示。按下 <F1> 键无任何反应，按其他键也不起作用。该计算机使用的是 PS/2 接口键盘。

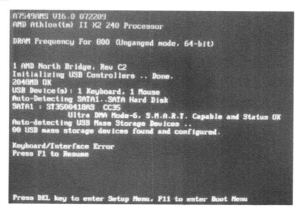

图5-6　开机键盘检测错误画面

【故障原因分析】

这是计算机开机时键盘自检出现的一种常见故障，尤其是对于 PS/2 接口的键盘，开机检测出错的情况并不少见，可能是由于键盘接口接触不良、键盘控制电路故障、键盘信号出错、主板接口故障或病毒破坏等原因所造成的。

【故障处理方法】

1）关机后拔下键盘，检查键盘插头和主板的 PS/2 接口，没有发现插头断针、变形、主板接口破损等情况。将键盘重新插到主板 PS/2 接口上，开机后故障依然存在。

2）更换一个好的键盘接到这台计算机上，开机还是会出现同样的故障，说明问题应该出在主板的 PS/2 键盘接口上。

3）经送修检测，发现是主板 PS/2 接口的几颗贴片电容坏了，维修后恢复正常。

需要注意的是，除了 PS/2 接口外，USB 接口也有可能会出现此类故障，有些是一个接口损坏，还有的则是全部接口都损坏。用户遇到这种问题要及时送修或联系厂家更换主板。

8. 软件应用类故障及排除

随着计算机应用软件种类的极大丰富，用户在使用软件的过程中也随时会碰到各种问题，包括办公类、网络聊天类、网络下载类、电子邮件类、网络浏览类、媒体播放类、游戏娱乐类、专业设计类等。这些问题大多是由于软件安装、设置、操作不当以及软件自身的问题所造成的。

【故障案例】在 Word 中输入网址或邮件地址时总是自动转换成超链接。

【故障现象描述】

在使用 Microsoft Word 2007 进行编辑工作时，每次输入网站地址或电子邮件地址总会被自动转换成超链接，经常导致用户误单击，影响正常操作。

【故障原因分析】

这是 Office Word 2007 软件内置的一个小功能，在输入网站地址或电子邮件地址时，Word 软件会自动判别并将之转换成超链接。如果用户不需要该项功能，则可以把它禁用。

【故障处理方法】

1）打开 Word 2007 软件，单击 Office 按钮，在弹出的菜单中单击"Word 选项"按钮，随后打开"Word 选项"对话框。

2）切换到"校对"选项卡，单击其中的"自动更正选项"按钮。

3）在弹出的"自动更正"对话框中，单击切换到"输入时自动套用格式"选项卡，在"输入时自动替换"选项区域中找到"Internet 及网络路径替换为超链接"选项，然后取消选中其前面的复选框，再单击"确定"保存设置，如图 5-7 所示（取消选中红色方框内的选项）。再输入网址或电子邮件地址时，Word 不再将其转换成超链接，问题解决。

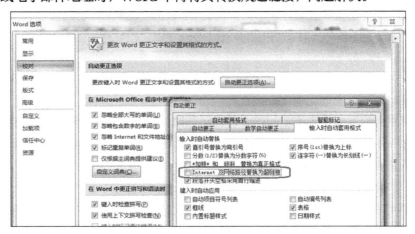

图5-7　撤销网络路径自动转换成超链接功能

9. 网络访问类故障及排除

网络是计算机应用中一个不可缺少的领域，一旦出现网络故障，会直接导致用户无法访问网络资源，或无法实现网络共享，计算机也将变成一个"信息孤岛"。网络故障一般是由网络设置不当、操作系统出现问题、病毒攻击和破坏、网络软件漏洞以及网络硬件问题引起的。

【故障案例】访问网站域名出错，但可以通过 IP 地址访问网站。

【故障现象描述】

某客户在上网浏览网页时，如果直接访问网站的域名（如 www.sohu.com）就会经常出错，输入该网站的 IP 地址（如 111.13.123.160）却可以访问该网站。在其他计算机上又可以用域名正常访问网站，可以确定不是网站服务器的问题。

【故障原因分析】

不能访问域名但可以通过 IP 地址访问，这是 DNS 解析错误或本地 DNS 缓存出现问题所致。

【故障处理方法】

1）单击"开始"按钮，打开"运行"对话框，输入"cmd"命令，按 <Enter> 键。在打开的 DOS 窗口中输入"ipconfig/flushdns"命令（中间有空格，不含双引号），重建本地 DNS 缓存。

2）依次单击"开始"→"控制面板"→"网络和 Internet"→"网络和共享中心"命令，在"查看活动网络"一栏的下方单击"本地连接"功能链接，在弹出的"本地连接属性"对话框中双击"Internet 协议版本 4（TCP/IPv4）"选项，发现本机首选的 DNS 服务器地址已被某些推广软件更改，指向不明网站的 IP 地址。

3）卸载相关的推广软件和共享软件，用防毒软件进行病毒扫描。然后将计算机 DNS 地址设定为本省 ISP 运营商的 DNS 服务器地址。设置完成后，尝试访问数个主流网站，并测试收发电子邮件、登录 QQ 和网络游戏平台，均已恢复正常。

实训　诊断与排除计算机的常见故障

尝试分析并排除几个完整的计算机故障，应包含对故障的分析判断、故障归纳、具体处理措施以及处理结果等主要过程，以完善对故障排除相关知识的理解，并能将所学知识与所得经验应用于生活实践中。用户可参照以下几种实践操作方法进行。

【操作步骤】

1）分析、诊断、排除一次主机类（重点为主板、内存、硬盘、显卡、电源等）故障，并将实践过程记录下来。

2）分析、诊断、排除一次外设类（重点为键盘、鼠标、光驱、显示器、打印机、移动存储设备等）故障，并将实践过程记录下来。

3）分析、诊断、排除一次软件类（操作系统或应用软件）故障，并将实践过程记录下来。

4）分析、诊断、排除一次网络类（局域网访问或上网）故障，并将实践过程记录下来。

【实践技能评价】

	检查点	完成情况	出现的问题及解决措施
诊断与排除计算机的常见故障	排除一次主机配件或外部设备故障	□完成　□未完成	
	排除一次软件系统类故障	□完成　□未完成	
	排除一次网络连接（局域网或互联网）故障	□完成　□未完成	

知识巩固与能力提升

1. 哪些计算机硬件和软件相对比较容易出现故障？应该怎样进行维修和防范？

2. 上网查找相关资料，了解更多的计算机硬件与软件故障解决案例。

3. 思考并总结：计算机硬件与软件故障是否存在一定的规律特征？怎样掌握计算机软 / 硬件故障诊断与排除的有效方法？

任务4 诊断与排除计算机蓝屏故障

蓝屏死机是一种常见的计算机故障，可能会出现在各个版本的 Windows 系统中。由于蓝屏故障的成因复杂，涉及面较广，因此要掌握基本的诊断和排除方法，以尽量降低蓝屏故障所造成的影响和损失。

1. 蓝屏死机是如何产生的

蓝屏死机（Blue Screen of Death，BSOD）是 Windows 系统特有的一种故障处理方式，也是一种系统自我保护机制，是指系统内核在面临崩溃故障或安全危险时，会立即强行停止当前的工作，以防止系统遭受更为严重的损害，同时在一个蓝色屏幕上显示相关问题的具体描述，以供用户参考和排查修复。

蓝屏故障在早期的 Windows 版本中就已频繁出现，从 Windows 7 系统开始，微软不断优化系统内核设计，并强化了系统级安全防护功能和应用程序隔离机制，Windows 系统因而变得更为稳固，但是仍然无法根治蓝屏死机这一难症顽疾。

导致 Windows 发生蓝屏死机的原因非常复杂，除了操作系统在产品设计、代码开发上的缺陷以外，更主要的是来自于以下所列的各种因素：

- 第三方硬件驱动程序兼容性不佳；
- 硬件设备自身的质量较差；
- 硬件设备接触不良或安装不当；
- 主机内部温度过高；
- 操作系统或 BIOS 参数设置错误；
- 应用软件内部的 Bug 问题，或者软件与系统发生冲突；
- 使用第三方工具软件安装了不兼容的系统补丁；
- 病毒对系统的攻击和破坏等。

2. 如何查看、辨别蓝屏显示的信息

在 Windows 7 及早期系统版本中，蓝屏故障的画面框架基本是相似的，一般包含了错误代码、错误的来源、错误的描述信息、引起错误的"罪魁祸首"名称，通常还会提供排查和处理此项错误的建议措施。图 5-8 展示了一个 Windows 蓝屏故障的示例。

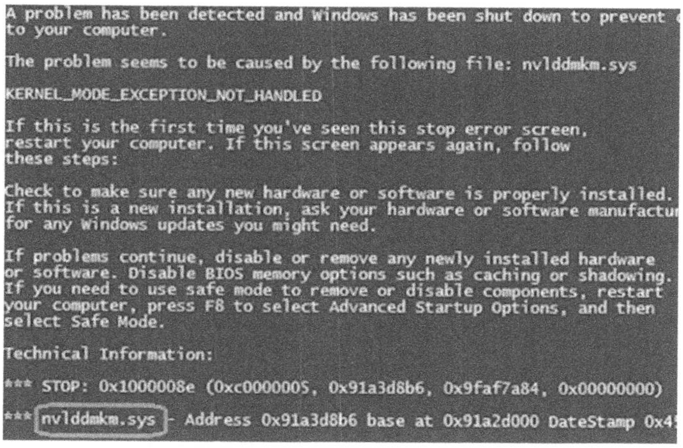

图5-8 一个常见的Windows蓝屏示例

下面简单解释 Windows 蓝屏窗口的基本描述信息。

1）"STOP"（图中倒数第二行）后面的第一项信息是十六进制错误代码 ID，也是直接可供用户诊断和排查的实用信息。括弧内的四项信息是在发生蓝屏错误时系统生成的参数，用于系统内部或者专业技术人员进行错误调试。

2）"KERNEL_MODE_EXCEPTION_NOT_HANDLED"这一行（图中正数第四行）名称是对应于 STOP 错误代码而生成的，它对蓝屏故障的原因进行了简单的描述，这表明该故障是由于系统内核程序出现异常引起的，但是具体原因尚不明确，需要结合其他信息来进行排查。如果这里没有显示名称，则说明错误非常严重，以至于系统来不及对该错误进行归类定义。

3）很多蓝屏信息还会列出一个具体的文件名或进程名，表明在蓝屏故障发生时系统检测到该文件或进程存在异常，并很可能是由于它所引起的问题，而这往往会成为缩小排查范围的关键。如本例中的"nvlddmkm.sys"（最后一行），这是 NVIDIA 显卡驱动程序的一个重要文件，由此可判断，应该是安装了与系统内核不匹配的显卡驱动程序，从而造成兼容性冲突故障。

掌握辨别蓝屏信息的方法对于快速检测、排除蓝屏错误是很有帮助的，用户可自行处理很多简单的蓝屏死机故障。图5-9展示了另一个蓝屏故障画面，其中第三行信息"The problem seems to be caused by the following file: halmacpi.dll"，表明该蓝屏故障很可能是由"halmacpi.dll"这个 Windows 动态链接库文件引起的，该文件应该已经丢失或损坏，用户可以从网上下载一个新的文件并覆盖原文件，或者用系统光盘进行修复安装。

在 Windows 8/10 操作系统中，微软重新设计了蓝屏显示和处理机制，系统不再显示详细的蓝屏描述信息，而是简单扼要地向用户发出故障提示，收集必要的错误信息，并提供引起该错误的关键词，方便用户搜索问题的具体原因和解决办法，另外还附上了一个以文本字符描绘的悲伤表情。图5-10和图5-11分别显示了 Windows 8 和 Windows 10 系统发生蓝屏死机的画面。

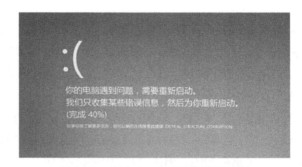

图5-9　指出可能导致本次蓝屏的原因

图5-10　Windows 8系统蓝屏示例

图5-11　Windows 10系统蓝屏示例

3. 如何排除蓝屏故障

当计算机发生蓝屏死机故障时，可以采用以下方法对蓝屏错误进行初步分析，并寻找可能的解决方案。

（1）重启计算机

有些蓝屏故障只是操作系统或应用程序的偶然错误，重启计算机后系统会自动恢复正常。

重新开机后也可以按 <F8> 键进入 Windows 高级启动选项菜单，然后选择从"最近一次正确的配置"来启动系统。

（2）查杀病毒

很多病毒和木马（如早期的"冲击波"和"震荡波"等病毒）会攻击、破坏系统文件，造成系统蓝屏崩溃。因此，用户最好用防毒软件或专门的病毒清除工具对计算机进行全盘病毒查杀。

（3）卸掉新装的硬件和软件

如果计算机在添加硬件设备后出现蓝屏故障，则要检查相关的硬件设备是否插牢、装错或损坏，然后拔下该硬件插到其他插槽或接口中，重新安装与所用操作系统相兼容的新版本驱动程序。如果最近安装有应用软件（尤其是大型软件），则要检查软件是否出错、是否与系统冲突、是否需要进行专门设置等，必要时可卸载软件以测试、排除故障。

（4）升级 Service Pack 服务包和系统补丁

Windows 系统自身存在的缺陷和错误也可能会导致蓝屏故障。为修复系统的各种错误和漏洞完善系统的安全性和功能性，用户应及时升级最新的补丁程序和 Service Pack（SP）服务包。但是，如果在升级系统（如升级到 Windows 10）或更新安全补丁之后计算机发生蓝屏故障，那么最好卸载新安装的补丁程序，或将 Windows 系统恢复至原来的版本。

（5）根据蓝屏错误代码上网搜索处理方法

Windows 系统提供的蓝屏错误代码和所列出的进程名称是不可忽视的信息，在网上可以查找这些代码或进程的解释内容，有些网站还会提供解决故障的参考方法。建议用户登录微软帮助和支持站点（网址 https://support.microsoft.com/zh-cn），以蓝屏错误代码为关键词，搜索微软提供的有关该类故障的知识库（KB）文章，如图 5-12 所示。

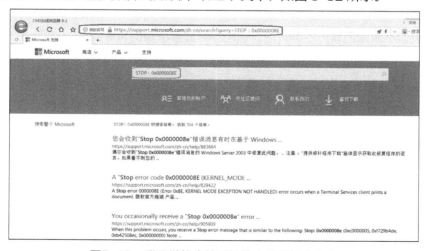

图5-12　登录微软支持网站搜索蓝屏解决方案

4. 如何预防蓝屏死机

在计算机日常使用过程中，用户可通过以下一些方法来预防或减少蓝屏死机故障的发生。

1）及时更新 Windows 操作系统、应用软件和硬件驱动程序的版本，避免出现兼容性问题。

2）定期备份系统注册表、清理系统垃圾文件和优化系统性能，确保防毒软件保持更新并定期查杀病毒。

3）如非必要，尽量不要安装过多的应用软件。卸载软件要用正确的操作方法并将软件卸载干净。

4）平时要注意保养与维护计算机，定期检查主机部件是否存在异常（如温度、灰尘、牢固性等），养成良好的计算机使用习惯。

5）添加额外的硬件设备时要检查硬件是否有损坏、接口是否良好，安装非公版或第三方驱动程序之前，要核对驱动程序的具体版本和安装要求，切勿为了求新、求快、求全而冒险安装可能不受系统支持的设备驱动程序。

实训　诊断与排除 Windows 蓝屏故障

本实训将在实践中强化对蓝屏故障相关知识的掌握，用户可参考以下操作来判别蓝屏故障的类型，并练习如何优化计算机设置，以降低蓝屏故障发生的风险。

【操作步骤】

1）上网搜索由于硬盘、内存、显卡等关键部件故障而产生的蓝屏故障信息，了解对该类蓝屏故障进行分析与处理的常用技术方法。

2）上网搜索其他类型的蓝屏故障图片，结合本书介绍的基本方法，对该图片中的主要蓝屏故障信息进行分析，判断该蓝屏故障所属的类型、可能产生的原因以及引发蓝屏故障的进程或系统文件等。

3）搜索蓝屏故障的官方支持页面，以加深对蓝屏故障的具体认识。

4）对计算机系统进行一次全面的优化与安全设置，清除系统垃圾文件，防范恶意程序侵袭，以提高系统的稳定性、安全性以及运行效率。此外，对计算机进行一次硬件保养与维护，排除潜在的硬件故障隐患。这些措施将会有效降低计算机发生蓝屏故障的风险。

【实践技能评价】

	检查点	完成情况	出现的问题及解决措施
诊断与排除 Windows 蓝屏故障	能够辨识屏幕上出现的蓝屏错误信息	□完成　　□未完成	
	学会上网搜索有关蓝屏故障的解决方案	□完成　　□未完成	
	对计算机进行必要的整理、维护和优化设置，以减少发生蓝屏故障的概率	□完成　　□未完成	

▷ 知识巩固与能力提升

1. 计算机蓝屏故障主要是由哪些因素造成的？

2. 若计算机发生蓝屏故障，则应该如何进行诊断与排除？

3. 计算机在发生蓝屏故障时，用户应注意收集哪些关键的信息？

4. 结合家庭或学校的实际环境，简述如何降低计算机发生蓝屏故障的风险。

▷ 职业素养

小霖：计算机的各种故障真是复杂多变，处理起来似乎也有一定的难度，要想掌握这门技能可不容易啊！

王工：计算机故障的诊断与排除属于相对高阶的技能，具有很强的实用性，不过它并不难学。只要掌握相应的方法、技巧和规律，平时多动手多实践，遇到问题勤于思考、分析与总结，处理常见的计算机故障就不是难事了。

小霖：我明白了。勤于学习、勇于尝试、善于运用，这样才能成为一名合格的 IT 工程师！

单元6

▶ 选配与销售整机产品

▶ 职业情景创设

随着暑假的来临，PC 市场又进入了销售旺季，前来咨询购买计算机产品的客户逐渐增多。公司技术销售主管赵工决定对小霖开展面向客户的业务培训。

赵工：小霖，现在选购计算机的客户比较多，他们的使用需求也不尽相同，你要怎样为他们提供个性化的服务呢？

小霖：要做好营销服务，我想首先应掌握每位客户的具体需求和购买期望，然后再为他们制订合适的产品配置方案。

赵工：你的思路很好！作为计算机销售人员，既要掌握相关的技术技能，也要懂得如何与客户进行沟通和交流，这样才能通过技术创造更多的销售机会。现在我们就尝试把计算机知识运用在销售服务中吧！

小霖：好的，我已经迫不及待地想在销售领域锻炼自己了呢！

▶ 工作任务分析

根据性能和质量的档次差别，计算机通常可分为高端、中端和低端三个层次，在具体的硬件配置上也会灵活多样。本单元将计算机的使用场景大致划分为四大类：商务办公应用、家庭娱乐应用、游戏体验应用和专业设计应用，并分别拟订几套主流的配置方案，以方便读者参考选配。此外，本单元还将模拟一次计算机产品营销流程，使读者能体验计算机营销的职业应用场景，以增强未来的岗位实践代入感。

▶ 知识学习目标

● 了解 DIY 装机和品牌机各自的应用优点；
● 掌握几种不同使用场合下的 DIY 装机方案；
● 掌握几种不同使用场合下的品牌机选配方案；
● 掌握笔记本电脑的基本特点与选购方法。

▶ 技能训练目标

● 能够和客户进行日常性的商务交流；
● 能够分析、挖掘客户对计算机产品的选购意向；
● 能够根据客户的具体需求制订计算机配置方案；
● 学会管理良好的客户关系，提高客户满意度。

▶实践项目10　DIY组装机

项目概述

　　本项目通过对 4 套 DIY 装机方案进行设计与分析，便于用户熟悉不同应用场景下的计算机硬件搭配，使用户学会如何根据使用需要配置计算机，并将所学技能应用于解决日常生活与工作中的实际问题。

项目分析

　　教师通过讲解各类装机方案所用的配件型号、基本参数以及每套配置方案的主要特点与适用场景，让学生学会根据需要 DIY 一台组装机，并能够根据实际的实训条件举一反三、归纳总结，同时对实践技能有一个直观的自我评价。

项目准备

　　本项目需准备一台计算机，并连接到互联网。

　　DIY 装机允许用户根据自身的个性爱好和实际需要进行灵活的定制化配置，并具备较好的兼容性与可扩展性，可满足各种弹性硬件搭配以及不同层次的应用需求，同时也能更好地控制选购预算。

≫ 任务1　制订企业商务办公计算机配置方案

1. 使用需求分析

　　通常来说，企业日常的办公业务对计算机的性能要求并不高，企业用户更注重的是系统运行的稳定性、可靠性和节能性。因此，可采用性价比相对较高的 CPU、主板、硬盘、电源、CPU 核芯显卡或板载集成显卡，整机价格应维持在中档水平。

　　表 6-1 为推荐的一款企业商务办公计算机配置方案。

表 6-1 企业商务办公计算机配置方案

配件名称	品牌与型号	基本性能参数	参考报价
CPU	Intel 酷睿 i3-8100（盒装）	第八代酷睿节能处理器，四核心/四线程，14nm 制造工艺，LGA 1151 型接口，3.6GHz 主频，8GT/s DMI3 总线，8MB 三级缓存，内置 HD 630 核芯显卡，最大支持 64GB DDR4 2400 内存，TDP 功耗为 65W	949 元
主板	华硕 EX-B360M-V3	Micro ATX 板型，采用 Intel B360 芯片组和 LGA 1151 型 CPU 插槽，支持第 8 代 Core i7/i5/i3/Pentium 处理器，提供 2 条 DDR4 2666 双通道内存插槽（最大支持 32GB）、3 条 PCI-E 3.0 显卡插槽和 6 个 USB3.0 接口，支持 HIFI 和 Intel 傲腾内存技术，5 相供电模式	599 元
内存	金士顿 DDR4 2133	DDR4 型 DIMM 内存，8GB 容量，2133MHz 主频	569 元
硬盘	西部数据 1TB 蓝盘	西数蓝盘系列，1TB 容量，64MB 缓存，7200r/min 转速，SATA3.0 接口，单碟容量 1000GB	372 元
显卡	集成	采用 CPU 核显和板载集显	0 元
显示器	飞利浦 223S7EHSB 商务办公型	21.5in LED 背光显示器，采用 IPS 面板，屏幕比例为 19∶6，动态对比度为 20 000 000∶1，亮度 250cd/㎡，最佳分辨率为 1920×1080，支持 1080p 全高清显示标准，灰阶响应时间为 5ms，可视角度为 178°，附带 VGA 和 HDMI 接口	899 元
机箱和电源	金河田商祺 8531B（带电源）	立式机箱（中塔），适合 ATX 和 Micro ATX 板型，搭配金河田 ATX-355WB 电源，电源功率 355W，内置 4 个 3.5in 硬盘仓位和 1 个 5.25in 光驱仓位，支持防辐射	270 元
键盘和鼠标	双飞燕 KB-N9100 针光键鼠套装	光电型有线键鼠套装，USB 接口，符合人体工学特点。键盘为 104 键，1000 万次按键寿命，中档按键行程；鼠标采用 5 键双向滚轮与无孔技术，分辨率为 1600	89 元
光驱	华硕 SDRW-08D2S-U	外置型 DVD 刻录机，采用 USB 2.0 接口，1MB 缓存，支持 8X DVD±R/DVD±RW 读/写速度和 24X CD±R/CD±RW 读/写速度，便于用户刻录资料与制作光盘所用	249 元

合计价格：3996 元

注：上述报价，仅供参考。

2. 配置方案点评

这款计算机主要满足日常办公事务处理的需求，具有性价比高、稳定性好、实用性强等特点，主要特点有：

1）采用 Intel 第八代 i3 节能处理器，14nm 制造工艺大大缩小了 CPU 的核心面积，有效地降低了能耗和发热量，使得 CPU 的运行更为稳定和高效。

2）搭配功耗更低、性能更强的 DDR4 内存，能够流畅运行办公应用软件、企业生产管理或业务处理系统。

3）1TB 容量、64MB 缓存、SATA3.0 接口的硬盘对于存储和传输企业办公和生产经营资料绰绰有余。

4）DVD 刻录机能方便用户对重要的企业内部数据进行刻录备份，或者制作企业宣传光盘，并能够长期保存数据。

5）21.5in 商务型 LED 背光显示器能为用户提供良好的办公和娱乐视觉感受。

 》》任务2　制订家庭影音娱乐计算机配置方案

1. 使用需求分析

家庭用户的娱乐消遣离不开影视剧、音乐歌曲及 2D/3D/ 网页游戏等应用，对计算机的运行性能、视听感受以及使用的舒适度都有一定的要求，但又往往存在购机预算的限制，因此大多数家庭用户会比较注重计算机的实用性与性价比，期望用合理的价格挑选主流的硬件配置。

表 6-2 为推荐的一款家庭影音娱乐计算机配置方案。

表 6-2　家庭影音娱乐计算机配置方案

配件名称	品牌与型号	基本性能参数	参考报价
CPU	AMD Ryzen 5 2400G（盒装）	原生四核心 / 八线程，14nm 制造工艺，Socket AM4 接口，3.6GHz 主频，可动态加速至 3.9GHz，4MB 三级缓存，内置 Radeon Vega 11 核芯显卡，最高支持 DDR4 2933MHz 内存，TDP 功耗为 65W	1249 元
主板	铭瑄 MS-B350FX Gaming PRO	ATX 型大板，采用 AMD B350 芯片组和 Socket AM4 插槽，支持 AMD Ryzen 系列处理器，带有 4 条 DDR4 双通道内存插槽（最大支持 64GB）、6 条 PCI-E 3.0 显卡插槽、4 个 SATA3.0 接口、2 个 M.2 接口和 6 个 USB3.0/3.1 接口，6 相供电模式	699 元

（续）

配件名称	品牌与型号	基本性能参数	参考报价
内存	金士顿 DDR4 2133	DDR4 型 DIMM 内存，8GB 容量，2133MHz 主频	569 元
机械硬盘	希捷 Barracuda 3TB	希捷 Barracuda 主流台式硬盘，3TB 容量，64MB 缓存，转速为 7200r/min，SATA3.0 接口，单碟容量 1000GB	549 元
固态硬盘	三星 850 EVO SATA3（250GB）	采用三星 MGX 主控芯片，250GB 存储容量，SATA3 接口（6Gbit/s），读取 / 写入速度分别为 540MB/s 和 520MB/s，平均无故障时间为 150 万 h	598 元
显卡	集成	采用 CPU 核显和板载集显	0 元
显示器	优派 VX2376-smhd 家用护眼型	23in LED 背光显示器，采用 AH-IPS 面板材质和时尚超薄机身设计，屏幕比例为 19:6，动态对比度为 80 000 000:1，亮度 250cd/㎡，最佳分辨率为 1920×1080，支持 1080p 全高清显示标准，灰阶响应时间为 2ms，可视角度为 178°，附带 VGA、HDMI 和 Display Port 接口	899 元
机箱	先马卡萨丁	立式机箱（中塔），适合 ATX 和 Micro ATX 板型，下置电源位，内置 3 个 3.5in 硬盘仓位、1 个 5.25in 光驱仓位和 4 个 2.5in 固态硬盘仓位，支持防辐射和背部走线，兼容 SSD 硬盘，机身侧透	229 元
电源	先马金牌 500W	12V ATX 非模组电源，额定功率为 500W，12cm 静音风扇，20+4pin 主板接口，转换效率达 91%，80PLUS 金牌认证	289 元
音箱	麦博 M-200	2.1 声道低音炮音箱，木质箱体材料，额定功率 40W，信噪比 75dB，频率响应范围 35Hz ~ 20kHz	199 元
键盘和鼠标	鑫谷 GT7500 恶灵骑士键鼠套装	光电型有线键鼠套装，USB 接口，符合人体工学特点。键盘为 104 键，1000 万次按键寿命，采用蓝光背光；鼠标采用 6 键双向滚轮，500 万次按键寿命，分辨率为 1600	119 元
光驱	华硕 SDRW-08D2S-U	外置型 DVD 刻录机，采用 USB 2.0 接口，1MB 缓存，支持 8X DVD±R/DVD±RW 读 / 写速度和 24X CD±R/CD±RW 读 / 写速度	249 元

合计价格：5648 元

注：上述报价，仅供参考。

2. 配置方案点评

这套家用计算机配置方案以性价比与实用性搭配为考量目标，很好地兼顾了家用计算机对于核心性能与整机价格之间的平衡取舍，同时在图像品质、显示效果以及影视播放流畅性方面均有所侧重。其产品特点简述如下：

1）处理器采用 AMD 第二代主力型产品之一的 Ryzen 5 2400G，秉承 Zen 架构一贯优异的浮点运算性能和图形处理能力，拥有四个原生核心和八个处理进程；并内置 1250MHz主频的 Radeon Vega 11 核芯显卡，图形运算性能堪比中档的独立显卡，用户无须额外购买独显也能获得较好的影视观赏和游戏娱乐体验。

2）8GB DDR4 内存和 250GB 固态硬盘能有效提升系统启动、软件运行和数据存取的速度，使计算机的运转更为流畅。

3）23in LED 背光显示器支持 1080p 高清画面显示，能给用户带来令人愉悦的画质感、广视角视野和观赏舒适度；附带的 HDMI 和 Display Port 端口可用来传输高清图像数据。

4）机箱提供充足的机械硬盘和固态硬盘仓位，支持背部走线，避免机箱内部线材杂乱无章地摆放，外观稳重并带有时尚的侧透设计。500W 额定功率的电源不仅能带起功耗较大的主流配件，也为将来 CPU 超频或增添独立显卡留出了充足的余量。

5）DVD 刻录机便于用户刻录数据以及制作音乐、影视或游戏光盘，或者从正版光盘中安装软件。

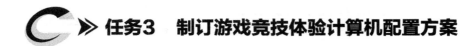

任务3　制订游戏竞技体验计算机配置方案

1. 使用需求分析

随着大型 3D 游戏、VR 体验游戏与次世代游戏的盛行，游戏玩家对计算机性能的要求也越来越高，不仅要配置运算速度和执行效率更高的处理器，也要采用性能更强大、架构更出色的 GPU 显示单元，而主板芯片、内存、硬盘、显示器、电源和机箱都要随之提升档次，才能满足新一代游戏引擎和画面粒度处理要求。

表 6-3 为推荐的一款游戏竞技体验计算机配置方案。

表 6-3　游戏竞技体验计算机配置方案

配件名称	品牌与型号	基本性能参数	参考报价
CPU	AMD Ryzen 7 2700X（盒装）	采用 Zen+ 架构的原生八核心 / 十六线程，12nm 制造工艺，Socket AM4 接口，3.7GHz 主频，可动态超频至 4.3GHz，16MB 三级缓存，支持 DDR4 2933MHz 双通道内存，TDP 功耗为 105W	2699 元

（续）

配件名称	品牌与型号	基本性能参数	参考报价
主板	技嘉 X470 AORUS GAMING 5 WIFI	ATX 型大板，采用 AMD X470 芯片组和 Socket AM4 插槽，支持 Ryzen 系列处理器，带有 4 条 DDR4 双通道内存插槽（最大支持 64GB）、5 条 PCI-E 3.0 显卡插槽、2 个 M.2 接口、6 个 SATA3.0 接口和 8 个 USB3.0 接口，支持 CrossFireX/SLI 双卡四芯交火技术，11 相供电	1799 元
内存	芝奇 Trident Z RGB（幻光戟）	游戏型 DDR4 内存，32GB 容量（2×16GB），3000MHz 主频，双通道内存套装	2599 元
机械硬盘	HGST 7K6000 6TB	HGST 7K6000 高性能台式硬盘，6TB 容量（单碟容量 1200GB），128MB 缓存，转速为 7200r/min，SATA3.0 接口，平均无故障时间约 200 万 h	1799 元
固态硬盘	Intel 545S（512GB）	采用 Silicon Motion SM2259 主控芯片和 Intel 第二代 3D TLC 闪存颗粒，64 层堆叠设计，512GB 存储容量，SATA3 接口（6Gbit/s），读取／写入速度分别为 550MB/s 和 500MB/s，平均无故障时间约为 160 万 h	819 元
显卡	七彩虹 iGame1080 烈焰战神 U-8GD5X Top（配置 2 个组建双路显卡交火）	采用 NVIDIA GeForce GTX 1080 芯片，核心频率 1607/1645MHz，8GB GDDR5X 显存，最大分辨率为 7680×4320，支持 PCI-E 3.0 16X 显示总线、DirectX 12.1、OpenGL 4.5、NVIDIA SLI 交火和物理加速技术，附带 1 个 HDMI、1 个 DVI 和 3 个 Display Port 接口，三风扇＋热管散热	4799 元（2 个共 9598 元）
显示器	AOC AG241QX 游戏电竞型	23.8in LED 背光显示器，采用 TN 面板材质和游戏特色机身设计，屏幕比例为 19∶6，动态对比度为 80 000 000∶1，亮度为 350cd/㎡，144Hz 刷新率，最佳分辨率为 2560×1440，支持 1080p/2K 全高清画质，灰阶响应时间为 1ms，可视角度为 170°/160°，附带 DVI、HDMI 和 Display Port 接口	3500 元
机箱	先马方舟	立式游戏机箱，采用亚克力材质，适合 ATX、MATX 和 ITX 板型，下置电源位，内置 3 个机械硬盘仓位、2 个光驱仓位、6 个固态硬盘仓位和 8 个扩展插槽，支持防辐射和背部走线，兼容 SSD 硬盘，机身双面炫酷侧透设计	499 元

（续）

配件名称	品牌与型号	基本性能参数	参考报价
电源	航嘉 MVP K650	半模组游戏电源，额定功率 650W，14cm 静音风扇，提供 20+4pin 主板接口及 2 个显卡接口，转换效率为 92%，80PLUS 金牌认证	559 元
音箱	惠威 GT1000	2.1+1 声道桌面游戏低音炮音箱，包含一个超重低音炮、两个卫星箱，以及一个独立功放单元。6.5in 扬声器口径，木质箱体材料，额定功率 33.6W，信噪比 90dB，灵敏度 450mV，频率响应范围 50Hz ~ 20kHz，支持蓝牙功能	780 元
键盘和鼠标	雷蛇酷黑特别版游戏外设套装	光电有线竞技类外设套装，USB 接口，人体工学设计。104 键机械轴键盘，三色自定义灯光系统，虚拟环绕声引擎，8000 万次按键寿命；5 键双向滚轮鼠标，分辨率为 3500，有背光灯和呼吸灯。另外，还配套专属游戏耳机与游戏鼠标垫	999 元
光驱	索尼 BDX-S600U 蓝光刻录机	外置型蓝光刻录机，采用 USB 2.0 接口，5.8MB 缓存，支 持 8X DVD±R/DVD±RW 读 / 写、24X CD±R/CD±RW 读 / 写和 6X BD-R/BD-R DL 读 / 写	650 元

合计价格：26 300 元

注：上述报价，仅供参考。

2. 配置方案点评

这套游戏计算机配置方案将目前最流行的数据运算和图形处理技术结合起来，面向当前最新的游戏类型，既保障了海量浮点运算所需的性能，也强化了全高清画质处理的效能和画面细节上的呈现品质，即使在很多苛刻的游戏运行环境中也能表现出色。其产品特点简述如下：

1）基于 AMD 升级版 Zen+ 平台的 12nm Ryzen 7 2700X 处理器拥有非常强劲的性能，内置原生八核心 / 十六线程的高端运算能力，其内核架构和指令集都得到了较大的优化改进，不仅速度快，发热量低，稳定性也比较好，可进行超频增速，并支持 2933MHz 主频的 DDR4 内存。另外，16MB 的三级缓存对于游戏的流畅运行也很有帮助。

2）主板采用 AMD 高性能的 X470 芯片组，功能齐全、扩展性强、品质做工也较好，能为计算机系统提供稳定且强有力的底层支撑。

3）芝奇 Trident Z RGB（幻光戟）32GB 双通道 DDR4 游戏型内存，运行性能较高，并支持高层次超频。这款内存还采用独树一帜的游戏设计元素与光炫酷特效，通过专属软件可控制与变换多达 10 种流光灯呼吸效果，具备较强的视觉震撼感、效能体验和超频可玩性。

4）固态硬盘采用 64 层堆叠设计与 Intel 第二代 3D 闪存颗粒，512GB 存储容量，能流畅运行大型游戏软件，有效避免系统的卡、慢等问题；6TB 大容量机械硬盘可用来存储高清电影、电视剧和游戏软件，无须频繁占用网络带宽来在线观看视频。

5）两块高端的 NVIDIA GeForce GTX 1080 显卡组成双路交火模式，能够发挥出强大的图形处理性能，对于抗锯齿、垂直同步、阴影粒子等各种游戏特效的展现都较为理想。此外，再搭配 24in LED 背光的游戏型显示器，用户能够获得优质的游戏画面、快速的高清视频传输和足够大的屏幕可视面积，大大提升了游戏娱乐和电影观赏的体验感。

6）机箱做工和材质较好，辐射屏蔽能力强，机箱内散热系统设计合理，机身双面侧透，并带来游戏光炫酷效果。电源的额定功率达 650W，输出功率强劲，转化效率搞，散热能力及静音效果也比较好。

7）音箱选用超低音炮加独立功放的组合产品，低音频道饱满，重放质量高，适合游戏和电影声音还原。键盘、鼠标、耳机均为游戏竞技类套装产品，灵敏度高，耐用性强，符合人体工学特点，并设计了游戏专用的按键、背光和呼吸效果，增强了用户在玩游戏时的体验感和代入感。

 **任务4　制订影视图像编辑计算机配置方案**

1. 使用需求分析

影视编辑和图像设计工作对计算机性能要求很高，尤其是在进行 3D 建模、工程制图和特效渲染等专业性场合，不仅要处理庞大的数据量，画面品质也要求达到比较高清和细腻的效果，因此可选择高性能的处理器和显卡、大容量的内存、硬盘以及高清晰度的大屏显示器。

表 6-4 为推荐的一款影视图像编辑计算机配置方案。

表 6-4　影视图像编辑计算机配置方案

配件名称	品牌与型号	基本性能参数	参考报价
CPU	Intel 酷睿 i7-8700K（盒装）	采用 Coffee Lake 原生六核心 / 十二线程，14 纳米制造工艺，LGA 1151 接口，3.7GHz 主频，可动态睿频至 4.7GHz，12MB 三级缓存，8GT/s DMI3 总线，内置 HD Graphics 630 核芯显卡，支持 64GB DDR4 2666MHz 双通道内存，TDP 设计功耗为 95W	2599 元
主板	华硕 TUF Z370-PLUS GAMING	ATX 型大板，采用 Intel Z370 芯片组，支持 LGA 1151 架构的第八代酷睿 i7/i5/i3 处理器，带有 4 条 DDR4 双通道内存插槽（最大支持 64GB 和 4000MHz）、6 条 PCI-E 3.0 显卡插槽、6 个 SATA3.0 接口、2 个 M.2 接口和 9 个 USB3.1/3.0 接口，支持 AMD CrossFireX 混合交火技术，7 相供电	1499 元

（续）

配件名称	品牌与型号	基本性能参数	参考报价
内存	海盗船统治者铂金	DDR4 内存，32GB 容量（2×16GB 套装），3000MHz 主频	3299 元
机械硬盘	西部数据 4TB 黑盘	西数高端型黑盘系列，4TB 容量，128MB 缓存，转速为 7200r/min，SATA3.0 接口，单碟容量 1000GB	1899 元
固态硬盘	影驰名人堂 HOF（256GB）	采用 PS3110-S10 主控芯片，256GB 存储容量，SATA3 接口（6Gbit/s），读取 / 写入速度分别为 520MB/s 和 500MB/s，4KB 随机读 / 写速度 IOPS 值分别为 95000/85000，平均无故障时间约 200 万 h	999 元
显卡	影驰 GeForce GTX 1080 Founders Edition	采用 NVIDIA GeForce GTX 1080 芯片，核心频率为 1607/1733MHz，8GB GDDR5X 显存，最大分辨率为 4096×2160，支持 PCI Express 3.0 16X 显示总线、DirectX 12/OpenGL 4.5 和 NVIDIA SLI 交火技术，附带 1 个 HDMI、1 个 DVI 和 3 个 Display Port 接口，采用涡轮风扇散热	5399 元
显示器	戴尔 P2715Q 超高清 4K 设计制图型	27in LED 背光显示器，采用 IPS 面板材质和超薄机身设计，屏幕比例为 19：6，动态对比度为 20000000：1，亮度 350cd/㎡，灰阶响应时间为 8ms，可视角度为 178°，最佳分辨率为 3840×2160，支持 4K 超高清画质，附带 USB3.0、HDMI 和 Display Port 接口	3499 元
机箱	航嘉 MVP Pro	立式机箱（中塔），采用热浸镀锌钢板材质，适合 ATX 和 Micro ATX 板型，下置电源位，内置 4 个 3.5in 硬盘仓位、1 个 5.25in 光驱仓位和 3 个 2.5in 固态硬盘仓位，支持防辐射和背部走线，兼容 SSD 硬盘，白色机身及侧透设计	189 元
电源	长城金牌巨龙 GW-6800	台式模组电源，额定功率 600W，最大功率 700W，14cm 静音风扇，20+4pin 主板接口，转换效率为 91.76%，通过 80PLUS 金牌认证	469 元
音箱	漫步者 S1000	2.0 声道木质 HIFI 音箱，包含 1in 钛膜高音及 5.5in 口径中低音扬声器单元。额定功率 120W，信噪比 101dB，阻抗 10kΩ，失真度 0.03%，频率响应范围 48Hz～20kHz，支持 4.0+EDR 蓝牙版本	1199 元

（续）

配件名称	品牌与型号	基本性能参数	参考报价
键盘和鼠标	微软 Sculpt 无线舒适桌面键鼠套装	微软无线办公人体工学键鼠套装。键盘为 107 键，2000 万次按键寿命；鼠标采用 4 键四向滚轮，分辨率为 1000，500 万次按键寿命，具备蓝影功能	649 元
光驱	华硕 BW-12D1S-U 蓝光刻录机	外置型蓝光刻录机，采用 USB 3.0 接口，4MB 缓存，支持 16X DVD±R 读/写、12X DVD±RW 读取、40X CD±R 读/写、8X BD-R 读取和 12X BD-R 写入	979 元

合计价格：22 668 元

注：上述报价，仅供参考。

2. 配置方案点评

这套计算机配置方案可满足大多数 3D 图形设计和影视合成编辑要求，侧重运算性能和画质效果，整机外观时尚，使用舒适，并为以后的升级扩容留有充足的空间。其各项特点简述如下：

1）CPU 采用性能优异的 Intel 酷睿 i7 8700K，拥有六核心/十二线程、12MB 三级缓存和 3.7GHz 主频，睿频加速后可达 4.7GHz。主板、内存、硬盘等主要配件都和游戏娱乐配置方案相当，同样可以满足大型设计软件的运行需要。

2）显卡采用影驰 GeForce GTX 1080 产品，拥有高速图形性能、大容量显存和高品质的显示效果。27in 超薄机身的显示器具备时尚质感，支持 4K 超高清画面显示，屏幕宽度、色彩细节和真实度都比较贴合专业设计的要求。同时，用户还可以对显示器进行灵活调节，以便缓解因长时间工作所造成的身体疲劳。

3）机箱内部空间较大，既方便安装配件，也利于配件散热，白蓝两色机身、亚克力面板、大面积侧透以及不对称箱体外观，这些特性使机箱给人一种强烈的设计元素感。

4）音箱具备 2.0 声道 HIFI 音质，保真度高，可营造出悠扬环绕的音效场景，这对于影视后期编辑和游戏设计的音质合成处理工作是很适用的。蓝光刻录机便于用户制作高品质的音乐盘和影视光盘，微软经典的 Sculpt 无线人体工学键盘鼠标能为用户提供舒适、便捷的操作手感。

实训 DIY 一台计算机

在本实训中，假设用户想要 DIY 配置一台学生用计算机，预算大约为 5 000 元。除了要能满足一般性的文档处理、上网冲浪和观看高清影片的需要外，还要运行 Photoshop、Dreamweaver、CorelDRAW 等设计软件及普通的游戏。

【操作步骤】

1）详细分析用户实际的计算机使用需求，确定对该用户影响最大的性能指标。

2）将所有需选购的配件设备列成计算机配置清单，并标注关键性能指标或硬件参数。

3）登录太平洋电脑网、中关村在线网或京东网等主流 PC 产品信息网站，了解目前的配件供求行情与计算机硬件发展趋势。

4）根据用户的需求，选择性能、价格较为合理的硬件设备，同时将配件的品牌、型号、主要性能参数以及目前的市场售价记录到配置清单中（注意区分网店价格与实体店价格）。每一种配件可挑选 2～3 个符合用户需求的产品，以便于最后进行产品之间的对比与筛选。

5）在用户可接受的预算范围内，配置一台相对合适的计算机，然后与用户就配件或整机的功能、性能以及价格等方面进行沟通与说明，并最终确定该计算机的配置。当然，如有必要，也可根据用户的意见进行一些局部调整。

【实践技能评价】

	检查点	完成情况	出现的问题及解决措施
DIY 一台计算机	了解 DIY 计算机的一般方法	□完成　□未完成	
	了解目前主流计算机配件的性能指标与市场行情	□完成　□未完成	
	熟悉不同档次计算机的适用人群	□完成　□未完成	

知识巩固与能力提升

1. 上网查找最新的产品行情信息，并分别尝试 DIY 一台当今主流的家用娱乐计算机和游戏竞技型计算机，需列出各个配件设备的品牌、型号、主要参数、配置数量和参考价格，然后制作一张计算机配置明细清单，将这些信息填入配置清单中。DIY 要求如下：

1）家用娱乐计算机需满足常用的影音娱乐需要，能够保证计算机运行流畅、画质清晰、使用舒适，价格在 6 000 元以内。

2）游戏竞技型计算机要能顺畅地运行主流游戏，使用户获得良好、逼真的游戏娱乐体验，价格在 16 000 元以内。

2. 对比上述所列的计算机配置，分别简述这两种计算机各自的优点与功能上的差别。

▶实践项目11　选配品牌计算机

本项目主要讲解6套品牌计算机的性能配置与产品特点，以帮助用户熟悉各类品牌计算机的适用场景，初步掌握根据不同用途选择品牌计算机的方法，在实际生活中能够选配合适的品牌计算机。

项目分析

教师通过讲解各类品牌计算机的组成配件、基本参数以及每套配置方案的主要特点与适用场景，让学生学会根据需要选配品牌机，并能够根据具体的实训条件举一反三、归纳总结，同时对实践技能有一个直观的自我评价。

项目准备

本项目需准备一台实训计算机，并连接到互联网。

品牌计算机由专业计算机制造商进行设计、装配、调试，并依据统一的服务标准为客户提供产品售后保障。品牌机的市场售价要比同档次的组装机高，但它在稳定性、安全性、易用性和整体的可管理性方面拥有较大的优势，其售后保障也比较完善和高效，能够降低计算机在购买后的维护难度和后续使用成本，因此也适合各个阶层的消费者采用。

≫ 任务1　制订商务办公品牌计算机配置方案

图6-1所示为联想扬天M4000e商用计算机，它能满足企业员工在文档资料操作、图形图像编辑、业务系统管理以及其他商业程序处理上的需求，价格也处于中档水平。表6-5列出了此款商用台式计算机（联想扬天M4000e）的参考配置。

图6-1　联想扬天M4000e商用计算机

表 6-5　联想扬天 M4000e 商用计算机配置方案（商务办公）

配件名称	型号与基本参数
CPU	Intel 酷睿 i5 6500，四核心 / 四线程，3.2GHz 主频，6MB L3 缓存，14nm 工艺，支持 Intel 博锐技术
内存	8GB DDR4 内存
硬盘	SATA3 1TB 7200 转机械硬盘
显卡	NVIDIA GeForce GT 720 独显，2GB 显存
显示器	21.5in LED 低蓝光显示器
机箱和电源	厂商标配，180W 额定功率，带热插拔硬盘仓
键盘和鼠标	厂商标配，USB 接口，浮岛式键盘，光电鼠标
网卡	802.11AC 无线网卡、集成千兆网卡
光驱	DVD 刻录机
I/O 接口	4 个 USB3.0 接口、前置 2 个 USB2.0 接口、声卡接口、RJ45 接口、VGA/HDMI/Display Port/ 视频接口等
操作系统	预装 Windows 10 64 位系统，扬天中小企业管理软件
质保期	整机三年质保

参考价格：5099 元

注：上述报价，仅供参考。

任务2　制订家庭娱乐品牌计算机配置方案

图 6-2 所示为一款家用娱乐型品牌计算机（惠普光影精灵 II690-058CCN）。它采用主流的 14nm 酷睿 i5 8400 处理器、16GB DDR4 内存、混合型硬盘、24.5in 高清显示器和

双显卡（CPU 核显 + 性能级独显）配置，在满足家庭影音和游戏娱乐的基础上，也兼顾了计算机的节能要求。表 6-6 为惠普光影精灵 II690-058CCN 台式机参考配置。

图6-2　惠普光影精灵II690-058CCN家用型计算机

表 6-6　惠普光影精灵 II690-058CCN 台式机配置方案（家庭娱乐）

配件名称	型号与基本参数
CPU	Intel 酷睿 i5 8400，六核心 / 六线程，2.8GHz 主频，最高睿频 4GHz，9MB L3 缓存，14nm 工艺
内存	DDR4 16GB 2666MHz
硬盘	混合硬盘（128GB 固态硬盘 +1TB 机械硬盘）
显卡	NVIDIA GeForce GTX 1060 性能级独显（6GB 显存）+ Intel HD 630 核显
显示器	24.5in LED 宽屏显示器，分辨率为 1920×1080
机箱和电源	厂商标配
键盘和鼠标	厂商标配
网卡	千兆以太网卡 + 无线网卡
I/O 接口	5 个 USB3.0/3.1 接口、6 合 1 读卡器、蓝牙 4.0、DVI/HDMI/Display Port 视频接口等
操作系统	预装 Windows 10 64 位简体中文系统、微软 Office 2016 家庭版软件
质保期	整机三年质保

参考价格：8499 元

注：上述报价，仅供参考。

 任务3　制订游戏体验品牌计算机配置方案

图 6-3 所示为一款高端水冷游戏型品牌机（外星人 Aurora R7-R3948S）。它配备高性能的酷睿 i7 8700K 处理器、图形运算能力优异的 NVIDIA GeForce GTX 1080 Ti

发烧级显卡、大容量的内存、硬盘以及 34in、支持 4K 画面效果的曲面显示器，可流畅运行目前大多数主流游戏，观看影院型蓝光高清电影也非常合适。表 6-7 为该款台式机配置方案。

图6-3　外星人Aurora R7-R3948S水冷游戏型计算机

表 6-7　外星人 Aurora R7-R3948S 台式机配置方案（游戏体验）

配件名称	型号与基本参数
CPU	Intel 酷睿 i7 8700K，六核心／十二线程，3.7GHz 主频，可预超频至 4.6GHz，12MB L3 缓存，14nm 工艺
内存	DDR4 16GB 2933MHz
硬盘	混合硬盘（256GB PCIe 固态硬盘＋2TB 7200 转机械硬盘）
显卡	NVIDIA GeForce GTX 1080 Ti 独显，11GB GDDR5X 显存
显示器	34in 4K 曲面宽屏显示器
机箱和电源	厂商标配，850W 电源，水冷机箱
键盘和鼠标	厂商标配
光驱	无
网卡	802.11 系列无线网卡、1000Mbit/s 以太网卡
I/O 接口	7 个 USB3.0 接口、2 个 USB3.1 接口、千兆 RJ45 接口、多合 1 读卡器、蓝牙 4.1、DVI/HDMI/Display Port/SPDIF 接口等
操作系统	预装 Windows 10 家庭版 64 位系统、微软 Office 2016 家庭版软件、McAfee 防毒软件 12 个月使用权
质保期	整机三年上门质保服务
参考价格：32 699 元	

注：上述报价，仅供参考。

任务4 制订图形设计品牌计算机配置方案

图 6-4 所示为一款设计类品牌机（Apple iMac MNED2CH/A 一体机）。它采用苹果 iMac 一体式计算机。苹果公司出色的工业设计和软 / 硬件产品开发能力以及对于设计类和娱乐类用户的精准定位，使得 iMac 计算机具备独特的设计、商务和娱乐性能，在功能应用和画面视觉效果上都别具一格，适合各类高端和时尚消费者所用。表 6-8 为该款一体机的配置方案。

图6-4　Apple iMac MNED2CH/A设计类一体机

表 6-8　Apple iMac MNED2CH/A 一体机配置方案（图形设计）

配件名称	型号与基本参数
CPU	Intel 酷睿 i5 7600K，四核心 / 四线程，3.8GHz 主频，6MB L3 缓存，14nm 工艺
内存	DDR4 8GB 2400MHz
硬盘	2TB Fusion Drive 存储器
显卡	AMD Radeon PRO 580 独显，8GB 显存
显示器	27in Retina 5K 显示器，IPS 面板，分辨率为 5120×2880
机箱和电源	厂商标配
键盘和鼠标	Apple Magic Mouse 2/Magic Keyboard
网卡	802.11 a/b/g/n 无线网卡、板载集成网卡
I/O 接口	4 个 USB3.0 接口、千兆 RJ45 接口、Thunderbolt 2 视频接口等
操作系统	预装 Mac OS Sierra 系统
参考价格：15 980 元	

注：上述报价，仅供参考。

▶ 任务5　制订创意设计品牌计算机配置方案

图 6-5 所示为一款全新类型的一体式设备——微软 Surface Studio。这款产品整合了 Surface 平板电脑和 Surface Book 笔记本电脑的主要功能、设计主题和制造材料，采用酷睿第六代 i7 处理器、NVIDIA GeFore GTX 980M 显卡、32GB 内存和 2TB 高速混合硬盘，搭配 3∶2 比例、支持 4500×3000 分辨率（4.5K）的 PixelSense 显示屏，屏幕厚度仅为 12.5mm，像素密度达 192ppi，支持 DCI-P3 色域，拥有非常出色的运算性能和 TrueColor 显示质量。

Surface Studio 的显示屏采用"零重力摇臂"铰链装置，能够向后倾斜至 20°角，这符合很多图形设计师放置速写板进行创作的习惯。显示屏内置的 True Scale 功能支持在屏幕上按 1∶1 还原真实的文档尺寸，这样，设计师在进行创作时就能更加直观、精确地预览自己的作品呈现效果。

图6-5　微软Surface Studio一体式计算机

此外，Surface Studio 还采用一种全新的交互方式——Dial，它是一个多功能的蓝牙旋钮，支持按压和旋转操作。如果放在桌面上，设计师可以用它来替代鼠标滚轮，查看网页、文件和作品，或者缩放界面的大小，而如果把它放到 Surface Studio 的显示屏上，它就会吸附在屏幕上面，并且变成一块调色板，设计师可通过旋转 Dial 来调整画笔的颜色、笔刷的大小、图纸的角度或者 3D 模型的视角等，具有极为优异的生产力特性，能够深刻改变人们的创作方式。图 6-6 所示为设计师借助 Dial 旋钮辅助进行快速画图、调色或谱写乐曲。

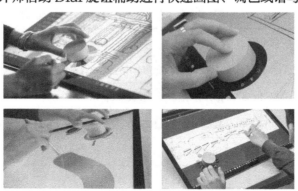

图6-6　使用Dial旋钮来辅助进行专业艺术设计

Surface Studio 主要面向设计师、工程师、建筑师、视频剪辑师、插画家和艺术家等创意工作人员，在进行专业内容创作的同时，也能帮助用户完成收发电子邮件、浏览网页和处理办公事务等日常工作。Surface Studio 一体式计算机参考配置见表 6-9。

表 6-9　微软 Surface Studio 一体机配置方案（创意工作）

配件名称	型号与基本参数
CPU	Intel 第六代酷睿 i7 处理器，四核心 / 八线程，3.2GHz 主频，8MB L3 缓存，DMI3 8GT/s，14nm 工艺
内存	DDR3 32GB
硬盘	2TB 混合硬盘
显卡	NVIDIA GeForce GTX 980M 独显，4GB GDDR5 显存
显示器	28in PixelSense 显示器，像素密度 192ppi，DCI-P3 色域，分辨率为 4500×3000（4.5K），前置摄像头支持 Windows Hello 认证
机箱和电源	厂商标配
键盘和鼠标	Surface 键盘 / 鼠标
专业输入工具	Surface Pen 压敏输入笔，Dail 多功能蓝牙旋钮
网卡	802.11 a/b/g/n/ac 无线网卡、板载集成网卡
I/O 接口	4 个 USB3.0 接口、千兆 RJ45 接口、Thunderbolt 2 视频接口、Windows Hello 高清摄像头等
操作系统	预装 Windows 10 专业版操作系统
参考价格：35 888 元	

注：上述报价，仅供参考。

任务6　制订专业图形工作站品牌计算机配置方案

图 6-7 所示为一款移动式图形工作站（戴尔 Precision 5510）。它采用 Intel 至强 E3 服务器级处理器、带 ECC 校验的 DDR4 内存和 512GB 高速固态硬盘，另外还搭配 NVIDIA Quadro M1000M 专业级图形处理显卡。

这款图形工作站可应用在具有较高要求的专业软件制作环境，如 3D 建模、工程制图、游戏开发、动画绘制、视觉渲染、高保真声效合成、医学影像分析等复杂数字内容的处理，支持 4K/5K 高清显示分辨率以及颜色校正，同时也方便用户携带，以随时对相关项目进行后台编辑、存储和输出。表 6-10 为该款移动图形工作站的配置方案。

图6-7　戴尔Precision 5510移动图形工作站

表 6-10　戴尔 Precision 5510 移动图形工作站配置方案（专业编辑）

配件名称	型号与基本参数
CPU	Intel 至强 E3-1505M v5，四核／八线程处理器，2.8GHz 主频，8MB L3 缓存
内存	DDR4 16GB 2133MHz
硬盘	512GB 固态硬盘
显卡	NVIDIA Quadro M1000M 专业级显卡，2GB GDDR5 显存
显示器	15.6in 显示屏
键盘和鼠标	厂商标配
网卡	802.11 AC 无线网卡
操作系统	预装 64 位 Windows 10 专业版系统

参考价格：20 800 元

注：上述报价，仅供参考。

实训　选配一台品牌计算机

在本实训中，假设要为企业用户选购一台办公型台式品牌机，预算在 6 000 元以内。该计算机主要用来处理企业的日常办公事务，包括使用办公软件处理经营数据，运行生产软件实时管理业务流程，同时还要编辑一些常见的 Photoshop 和 CAD 图片文件。

【操作步骤】

1）详细分析该企业用户实际的计算机使用需求，确定对该用户影响最大的性能指标。在本例中，由于用户主要用来处理办公业务，因此比较注重运算性能、稳定性、安全性、产品附加价值以及售后服务支持，对于显示性能、音频性能和整机外观没有过高的要求。

2）将各个配件设备列成计算机配置清单，并标注主要的性能指标或参数。

3）登录太平洋电脑网、中关村在线网或京东网等主流PC产品信息网站，了解目前品牌计算机市场行情与整体发展趋势。也可以登录厂商官网查询具体的品牌计算机配置。

4）根据用户的具体需求，选择性能、价格和服务支持较为合理的品牌计算机，同时将该计算机的品牌、型号、主要配件的性能参数以及目前的市场售价记录到配置清单中（注意区分网店价格与实体店价格）。建议挑选2～3款符合用户需求的品牌计算机，以便于最后进行产品之间的对比与筛选。

5）在用户可接受的预算范围内，选出一台相对满意的品牌计算机，然后与用户就主要配件或整机产品的功能、性能、市场价格以及厂商服务支持等方面进行沟通与说明，并最终确定该款品牌计算机的配置。当然，如有必要，也可根据用户的意见进行一些局部的调整，或者重新进行选择。

【实践技能评价】

	检查点	完成情况	出现的问题及解决措施
选配一台品牌计算机	了解选配品牌计算机的一般方法	□完成　　□未完成	
	了解目前主流品牌计算机的核心性能配置、售后支持服务与市场行情	□完成　　□未完成	
	尝试为自己的家庭模拟选配一台合适的品牌计算机	□完成　　□未完成	

>> 知识巩固与能力提升

1. 上网查找一款适合职业院校学生学习所用的品牌台式机，列出这款计算机的主要配置参数，价格不超过7 000元。

2. 上网查找一款适合游戏玩家使用的主流娱乐型品牌机，列出这款计算机的主要配置参数，价格不超过15 000元。

3. 针对上述两种计算机的硬件配置，请分别说明你的选配理由以及每一款计算机的主要亮点。

▶实践项目12　选购笔记本电脑

　　本项目主要讲解笔记本电脑的基础知识，使学生对笔记本电脑有一个总体性和直观性的认知，从而能在实际生活中应用所学知识。

项目分析

　　教师通过介绍笔记本电脑的常见种类、组成结构、选购方法以及日常维护方法，引导学生初步掌握选购、使用和维护笔记本电脑的基本技能，并能够根据具体的实训条件举一反三、归纳总结，同时对实践技能有一个直观的自我评价。

项目准备

　　本项目需准备一台笔记本电脑，并连接到互联网。

　　笔记本电脑在硬件组成架构方面和台式计算机相似，但其各个部件较为小巧、紧凑，整个主机系统进行了高度集成与整合，机身重量通常在 1 ～ 3kg。另外，在操作方式上，笔记本电脑也与台式计算机有较大的区别。

⟫ 任务1　认识笔记本电脑的常见类型

　　笔记本电脑种类繁多，内置功能的区分也越来越细，市场上常见的笔记本电脑包括以下几种类型：

　　（1）根据功能定位的不同进行划分　笔记本电脑可分为商务办公型、学生应用型、家庭娱乐型、轻薄便携型、游戏影音型和时尚潮流型等几类。

　　图 6-8 所示为一款商务办公型笔记本电脑，搭配第六代 Intel 酷睿 i5 6200U 处理器和 8GB DDR3 低电压版内存。图 6-9 所示为一款时尚型超薄笔记本电脑，搭配第七代 Intel 酷睿 i5 7200U 处理器和 8GB DDR3 低电压版内存。

图6-8 商务办公型笔记本电脑

图6-9 时尚型超薄笔记本电脑

（2）根据机身设计的不同进行划分 笔记本电脑可分为普通本、轻薄本、高清本、超极本、变形本以及二合一电脑等。

1）超极本（Ultrabook）。也叫超级本，是指能达到极致轻薄机身的笔记本产品。超极本拥有极为轻薄的机身，机身厚度可压缩至 18mm 以下，重量可以控制在 1.5kg 以内。此外，超极本具备较高的启动与响应速度，休眠唤醒时间可缩短至 15s 以下，比传统笔记本电脑快一倍。由于采用的是 Intel 超低电压版移动处理器，超极本的 TDP 功耗仅为普通笔记本电脑的一半左右，而电池续航时间可达 5h 以上，优于大多数传统的笔记本电脑。图 6-10 所示为一款超极本电脑。

2）变形超极本。Windows 8 系统的推出促使超极本进化到另一种更加强大的产品形态——变形超极本。变形超极本是指具备机身变形能力的超极本电脑，拥有多点触控屏幕和灵活的整机变形 / 组合功能。通过机身变形设计，用户能够随时调整笔记本状态，以便在不同的应用环境中灵活使用。图 6-11 所示为一款变形超极本电脑。

变形超极本一般可支持如下四种使用模式：笔记本模式、平板电脑模式、站立模式以及帐篷模式。图 6-12 所示为站立模式，图 6-13 所示为帐篷模式。

图6-10 超极本电脑

图6-11 变形超极本电脑

3）二合一电脑。它属于变形超极本的一类分支，具有高度灵活的组合特点，一般会把笔记本部分设计成独立的平板模式，键盘被设计成扩展模式，这样用户就可以很方便地拆卸或安装键盘，可说是真正意义上的超极本。图 6-14 所示为一款二合一电脑产品。

图6-12 站立模式

图6-13 帐篷模式

图6-14 二合一电脑产品

 ≫ 任务2 认识笔记本电脑的组成结构

由于受到机身体积及散热要求的限制，笔记本电脑的各类部件都进行了专门设计，主要由外壳、主板、处理器、内存、硬盘、显卡、显示屏、电池、键盘、定位设备等部件组成。

1. 笔记本外壳

笔记本电脑的外壳不仅能保护机体内部元件不受外界损害，同时也是影响笔记本机身重量、美观程度、耐用程度、操作舒适性和整机散热效果的重要因素。因此，采用品质较好的外壳对于保障笔记本电脑长期、稳定地在各种环境下正常使用是非常重要的。

目前市场上笔记本电脑常用的外壳材料有 ABS 工程塑料、铝镁合金、钛合金、碳纤维复合材料等，其中 ABS 工程塑料和铝镁合金材料主要用于主流笔记本、超极本的外壳加工，钛合金和碳纤维复合材料多用于制造高档型笔记本电脑。

2. 笔记本主板

主板是笔记本电脑最为关键也是最为复杂的部件，其质量的优劣直接决定了笔记本电脑的整机性能表现。笔记本主板往往采用一种被称为"All-In-One"的单一板材设计模式，主板上面集成了各类芯片、插槽和接口等硬件模块。笔记本主板需具备较高的制造结构工艺，才能在狭隘的空间内保持良好的稳定性。图 6-15 所示为一款笔记本主板。

图6-15　笔记本主板

3. 笔记本处理器

处理器是笔记本电脑最核心的部件，除了要提供运算性能外，也要兼顾发热和能耗控制，因此笔记本处理器对稳定性与可靠性设计的要求就更高，一般会采用比同类台式机 CPU 技术更先进、精度更高的制程工艺。

目前笔记本处理器主要以 Intel 产品为主，涵盖了高端的 Xeon E3/E5 系列、主流的 Core i7/i5/i3 系列、入门级的 Pentium/Celeron 系列等各类型号。而 AMD 也逐渐构成了以 Ryzen 为旗舰级平台、以 APU A12 和 A10 为主流平台、以 APU A9 和 A8 等入门级产品为一体的移动计算体系，对于爱好游戏和图形设计处理的大众用户也有不小的吸引力。图6-16 所示为一款笔记本处理器产品。

4. 笔记本内存

由于笔记本电脑设计精密，整合化程度很高，因此笔记本内存也具备体积小巧、速度快、容量大、散热好、耗电低等特点。

笔记本内存主要以 DDR3L 和 DDR4 内存为主，DDR3L 即"低电压版 DDR3 内存"，其工作电压从标准版笔记本内存的 1.5V 降低至 1.35V，而功耗则降低了 20% 以上，并保持良好的运行稳定性。另外，出于节约内部空间的考虑，大多数笔记本电脑只提供两个内存插槽位。图 6-17 所示为一款笔记本内存。

图6-16　笔记本处理器

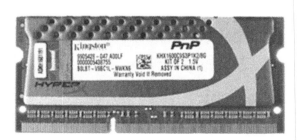

图6-17　笔记本内存

5. 笔记本硬盘

笔记本硬盘在结构原理方面与台式硬盘相似，但体积更加小巧和纤薄，同时具备更好的便携性、可靠性、抗震性、功耗限制与噪音控制能力。图 6-18 所示为一款笔记本硬盘产品。

笔记本硬盘一般采用 2.5in、1.8in 乃至更小的尺寸设计，重量大多在 100g 上下，而在厚度上则分为 7mm、13.5mm 和 12.5mm 三种规格，其中 7mm 厚度的为超薄型硬盘，主要用于超极本、超薄本等超便携型设备，13.5mm 厚度的为标准型硬盘，多用于商务本、影音本等传统的笔记本电脑，12.5mm 厚度的属于早期产品，现在已很少生产了。

由于自身存在诸多不足，笔记本硬盘已很难跟上时代发展的需要，而读／写速度更快、性能更为优异的固态硬盘和混合硬盘在逐渐取代传统的机械式硬盘，这将成为硬盘产业中不可抗拒的发展潮流。

6. 笔记本显卡

显卡是实现笔记本电脑轻便与性能兼顾的关键因素之一，同样分为集成显卡和独立显卡两大类。

集成显卡具有功耗低、发热量小、稳定性好、能够延长续航时间等优点，部分集显甚至可媲美中档的独显产品，其性价比也非常突出，多用于大众型和超薄型笔记本电脑。

独立显卡拥有单独的显存，可提供更高的图形运算性能和更强的显示效果，有助于提升 3D 娱乐体验与图形显示画质，但独显发热量与功耗量较大，用户也要花费更多购买资金，常用于游戏本、影音本、设计本等产品。

笔记本显卡主要有 Intel、NVIDIA 和 AMD 三大品牌，其中 NVIDIA GeForce 系列、AMD Ryzen/Radeon R 系列以及 Intel HD Graphics/Iris Graphics 系列是具有代表性的型号。图 6-19 所示为一款 NVIDIA 笔记本显卡产品。

图6-18　笔记本硬盘

图6-19　笔记本显卡

7. 笔记本显示屏

显示屏如同笔记本电脑的窗口，其输出质量和显示效果直接影响用户使用笔记本的观感体验。笔记本显示屏尺寸一般有 11.6in、12.5in、13.3in、14.1in、15.6in、17.3in 等规格。

其中，13.3in 以内的显示屏一般用于便携式笔记本电脑；14.1in 是目前广泛使用的显示屏幕，适合大多数普通用户的使用需要；15in 显示屏幕往往用于台式机替代型笔记本，它比小尺寸的显示屏具有更好的画面呈现效果；17in 以上的则属于超大型显示屏幕规格，多用于移动图形工作站和移动视频处理平台等专业设备。图 6-20 所示分别为 11.6in、13.3in 与 15.6in 屏幕的笔记本电脑。

图6-20　11.6in、13.3in与15.6in屏幕的笔记本电脑

8. 笔记本电池

笔记本电池属于一种可充电式电池，分为镍镉（Ni-Cd）电池、镍氢（Ni-MH）电池、锂离子（LiB）电池和锂聚合物（LiP）电池等几种，其中锂离子电池和锂聚合物电池为市场上主流的电池类型。

大多数普通笔记本电脑采用的是锂离子电池（如图 6-21 所示）。有些高档的商务本、超极本或超薄型时尚本则会使用锂聚合物电池（如图 6-22 所示），这种电池具有充电速度快、循环使用寿命长、稳定性与安全性较好等特点。

图6-21　锂离子电池　　　　　　　　图6-22　锂聚合物电池

9. 笔记本键盘

键盘作为笔记本电脑主要的输入设备，手感和键位布局会对用户的操作体验产生直接影响。根据按键击打方式的不同，笔记本键盘可以分为巧克力式键盘、改良式巧克力键盘、平面浮萍式键盘、弧面浮萍式键盘、阶梯浮萍式键盘、平面孤岛式键盘、弧面孤岛式键盘等几个类型。

目前，市场上主流笔记本电脑大多采用孤岛式键盘，通过键盘的一体式设计，不仅更能表现笔记本产品的整体感，在进行录入、编辑等快速击键操作时也能提供很好的舒适体验。

10. 笔记本定位设备

笔记本电脑一般都会在机身搭载定位设备，其作用相当于台式机的鼠标。多点触控板和指点杆是比较常见的操控定位设备，两者配合使用能让笔记本电脑的操作变得更加轻松、便捷和高效。

触控板设备允许用户通过手指的触摸、滑动、点击来快速操控笔记本的游标指针，还可以模拟鼠标的左右键功能。指点杆采用小圆点的外形设计，只需点击中心按钮，就能实现移动光标、滚动窗口和放大显示等功能，向下按压还能达到鼠标单击或双击的效果。

图 6-23 所示为笔记本电脑的定位设备，包含多点触控板、左右按键、指点操作杆等相关部件。

图6-23　笔记本电脑定位设备

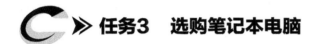

任务3　选购笔记本电脑

目前，笔记本电脑市场上产品形态和型号众多，性能搭配和功能配置各有特色，用户在购机时可参考以下事项：

（1）选购要点之一　定位购机用途及可承受的价格。

笔记本电脑有其鲜明的功能区分、性能差别和市场定位，这就需要用户事先明确自己的购机用途，例如，是买来处理日常办公事务还是商务出差携带之用，是用于学习培训还是影视游戏娱乐，是进行图形设计、技术开发还是专业的绘图编辑等，进而选择合适的产品。

在目前市场上，笔记本电脑的价格档次大致可分为入门级别（价格在 4 000 元以内）、中档产品（价格在 4 000 ~ 8 000 元之间）以及 8 000 元以上的高档机型，用户应根据自己的消费能力来进行选择。

（2）选购要点之二　屏幕尺寸的选择需因人而异。

屏幕尺寸是用户选购笔记本电脑比较关心的一个问题。通常来说，需经常在固定场所中处理事务的用户可考虑选择 15in 及以上的大尺寸笔记本。13.3in 及以下尺寸的笔记本电脑由于具有机身轻便、外观设计时尚等特点，可满足很多用户对便携性和时尚性的强烈要求。而14in 既平衡了办公和娱乐的需要，轻薄的机身设计也便于笔记本的移动使用和随身携带，对于大众用户比较合适。图 6-24 所示为一款 14in 笔记本电脑。

（3）选购要点之三　其他值得考虑的先进功能。

除了机身内置的基本功能以外，不少笔记本电脑厂商还会在产品中加入一些较为先进的功能设计，如 RealSense 3D 相机。

RealSense 3D 相机是 Intel 推出的一项深度实感摄像技术，这种相机拥有两颗已内置了深度传感器的 3D 镜头，能对用户进行精准的面部识别与信息传导，实现精确的手势和肢体动作控制，并能提供先进的 3D 实时扫描、捕捉与合成能力。目前，RealSense 3D 相机技术已得到戴尔、宏碁、联想等主流笔记本厂商的支持，未来有望成为一种趋势。

在图 6-25 中，用户借助 Intel RealSense 3D 深度实感摄像头，通过手势动作就可以直接控制笔记本电脑玩飞行游戏。

图6-24　14in笔记本电脑　　　　　图6-25　借助Intel RealSense 3D摄像头
直接玩游戏

（4）选购要点之四　企业品牌与产品口碑是保障。

市场上笔记本电脑厂商众多，主要分为国内品牌和国外品牌，国内品牌又分为大陆品牌和台湾品牌。我国大陆比较知名的笔记本品牌有联想、ThinkPad、神舟、方正、清华同方、海尔等，台湾品牌中则以华硕、宏碁、微星、技嘉、Terrans Force（未来人类）等厂商为代表，而在国外的笔记本厂商中，惠普、戴尔、苹果、微软、LG、三星、东芝、索尼等都是知名度较高的主流品牌。

下面简单介绍几个笔记本电脑品牌以及各自的产品特点。

1）联想（Lenovo）。它是我国规模最大、实力最强的 PC 制造商，也是世界笔记本电脑行业的主要领导厂商之一。除了已收购的原 IBM ThinkPad 产品外，联想还拥有扬天日常办公本、昭阳主流商务本、IdeaPad 家用娱乐本、Y50 高性能游戏本、Yoga3 二合一超极本等一系列自有品牌，涵盖了商务、家用、便捷超薄和游戏影音等领域。

2）惠普（HP）。它是全球最大的 PC 生产商之一，其笔记本电脑的销量一直位居世界前茅。惠普拥有很强的产品研发和工业设计能力，涵盖了家用、商务影音、设计等不同的使用需求，产品主要包括 HP Pavilion（面向大众家庭娱乐）、HP ENVY（面向便携式游戏影音）、HP ProBook（面向主流商务办公）等多种机型。

3）华硕（ASUS）。它是全球最大的 PC 主板生产商及世界第三大笔记本电脑生产商，拥有自主产权的芯片与主板等关键研发技术，其笔记本产品做工精细、品质较高、风格设计时尚，并提供较为完善的产品售后服务。

华硕笔记本产品主要包括 A 系列家用娱乐本、U 系列便携式超极本、ZenBook 系列时尚超级本、PU/PRO 系列商用笔记本、ZX/FX 系列游戏影音本、UX 系列高性能办公本等主流机型。

4）戴尔（DELL）。它是世界老牌的 PC 生产商，其笔记本电脑也一直处于业界领先地位。戴尔笔记本主要集中在家用型、游戏型和高端商务型产品市场，其中包括 Inspiron 13 便携本（13.3in 屏幕）、Inspiron 14 家用本（14.1in 屏幕）、Inspiron 15 金属版娱乐本

（15.6in 大屏幕）、Latitude/Vostro 商务办公本、XPS 13 轻便型超极本等型号。

5) 微软（Microsoft）不仅是软件业巨头，同时也是一家颇为成功的硬件设备公司。Surface 是微软在移动设备市场上的代表作。Surface 属于一种复合型可变换式计算设备，主要定位于生产力开发工具，能进一步提升用户日常办公、专业设计和产品开发效率，最终改变人们使用计算机的方式。

Surface 系列主要包括以下几类产品：全功能型二合一设备（Surface Pro）、迷你型超便携二合一设备（Surface Go）、变形超极本（Surface Book）、专业设计型一体机（Surface Studio）、全金属时尚超薄本（Surface Laptop）以及多功能智能手机（Surface Phone）。

6) 苹果（Apple）。在笔记本电脑行业中，还没有哪一个厂商的产品能像苹果笔记本电脑一样具有鲜明的特点与别致的风格。源于苹果创始人追求完美的开发理念和别具一格的操作体验，苹果笔记本电脑在硬件、操作系统和应用软件的研发和配置上已自成一体，其工业设计追崇时尚与个性，而外观非常简洁与优美，处处体现出苹果产品独特的魅力以及所彰显的美学元素。因此，虽然苹果笔记本电脑普遍售价不菲，但仍然吸引了大量追求时尚特性的消费者。

苹果笔记本电脑产品主要为 MacBook 系列，其中包括以下三种不同的型号：

● 标配型 MacBook 笔记本。

这一款属于入门级产品，俗称"小白"。该型号采用普通的性能配置，价格在苹果笔记本家族中是最低的，屏幕从 12 ~ 14in 都有，主要面向一般的企业办公人员、家庭用户和学生消费者。

● 专业型 MacBook Pro 笔记本。

这是苹果笔记本中的高端产品，搭配 Mac OS X Mavericks 操作系统，性能配置相对比较高，但价格也很昂贵，适合主流的娱乐用户、商务人士、专业设计师等消费阶层使用。MacBook Pro 系列又可以分为 13.3in、15.6in 和 17in 等几种尺寸规格。

● 轻薄型 MacBook Air 笔记本。

这是苹果便携式超薄本或超极本，大多搭配 Mac OS X Yosemite 系统，分为 11in 和 13.3in 两种规格。它将时尚、轻便和性能特色很好地融合在一起，比较适合年轻的消费者、移动工作用户和需要频繁出差的用户所用。

 任务4　保养与维护笔记本电脑

笔记本电脑的保养不仅在于对外表的保养，同时还要注意相关零部件的保养。笔记本电脑保养得好，才能有效延长其工作寿命，使用效果也会更佳。下面简述几点笔记本电脑日常保养维护的方法。

1. 笔记本显示屏的保养与维护

显示屏是笔记本电脑非常重要的部件，平常使用时不要将屏幕亮度调得太高，在合上

笔记本电脑时，一定要先确认键盘上没有遗留东西。如果显示屏需要清洁，尽量不要直接用湿布来擦，可使用专门的液晶屏清洁剂与清洁布进行擦拭，然后自然晾干即可，如图 6-26 所示。

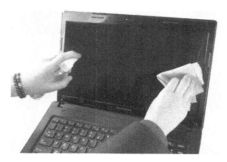

图6-26　使用清洁工具擦拭笔记本屏幕

2. 笔记本电池的保养与维护

笔记本电池的保养比较讲究，尤其是要注意对电池进行保养性的充放电。在笔记本电脑使用过程中，建议在电量接近用完时再进行充电，在闪电、雷雨天气时切勿给笔记本电脑充电。此外，即使长期不使用电池，也要定期对电池充放电一次，然后放到纸盒里，置于阴凉处保存，以避免锂离子失去活性。

3. 笔记本键盘的保养与维护

键盘是用户直接接触笔记本电脑最多的部件，在使用过程中要注意加以保护。比如，在敲打键盘时不能太用力，也不要边吃东西边使用笔记本电脑，因为食物粉末、细小颗粒物、水、饮料或油容易吸进笔记本中，增大笔记本电脑清洁的难度，同时也会破坏触摸板环境的洁净，只有保持触摸板的干燥才能延长其使用寿命。

有些用户为了避免弄脏键盘，喜欢在笔记本键盘表面盖上一层贴膜来使用，这其实是不可取的。覆盖键盘膜会阻碍键盘缝隙等地方的空气对流，不利于笔记本电脑的散热，长期下去将加速笔记本电脑的老化。此外，使用键盘膜也会降低键盘触摸的手感，并且还容易造成联键、错键等问题。

笔记本键盘在长时间使用后，在内部难免会积聚杂物，有时还会造成按键卡死或损坏，因此需要定期予以清洁。在进行清洁时可使用干净柔软的毛刷，轻轻地清扫按键、键盘周边以及键盘缝隙，也可以使用类似橡皮泥的专用清洁胶或小型吸尘器来清理，如图 6-27 所示。

图6-27　清洁笔记本键盘

4. 养成良好的使用习惯

良好的使用习惯能有效延长笔记本电脑的寿命，减少各种故障的发生。用户平常在使用笔记本电脑时，应注意以下几点：

1）在关闭笔记本电脑时，切勿贪快求方便而直接强制关机或断电关机，这对笔记本硬盘的伤害非常大。

2）不要让笔记本电脑在振动较大的环境下使用。若放在膝盖上或在颠簸行驶的车内使用就容易造成笔记本电脑的不平衡，从而影响硬盘的正常运转，所以要尽量放到桌子上或平稳固定的东西上使用。

3）移动笔记本电脑时要轻拿轻放，避免摔磕和振荡。如果需要将笔记本电脑移动到较远的地方，最好在关机后放进专用的笔记本携带包。

>> 知识巩固与能力提升

1. 常见的笔记本电脑有哪些种类？

2. 笔记本电脑一般由哪些主要的硬件构成？

3. 上网找一找，市场上主流的笔记本品牌有哪些？本年度推出了哪些具有代表性的笔记本电脑产品？

4. 上网选择一款适合家庭影音娱乐用的主流笔记本电脑、一款适合游戏娱乐或软件开发用的高档笔记本电脑，价格分别在 7 000 元和 12 000 元以内，并列出这两款产品的品牌、型号和主要硬件配置。

5. 请分别简述上述笔记本电脑产品的主要亮点与功能用途。

▶实践项目13 为客户定制销售计算机产品

>> 项目概述

本项目创设一个计算机店面销售的职业化场景，通过对计算机的导购分析、需求确认、方案定制、产品交付以及售后支持等环节的模拟实训，完成计算机产品售前、售中与售后的简要营销流程，以此提高用户的职场交流能力、服务意识、团队协作能力、技术应用能力以及对客户关系的维护能力。用户在职业化模拟情景中学习计算机技术销售的基本知识，未来可用于相关岗位的工作实践中。

教师通过互动交流演示、上网查阅商情信息以及计算机配置示范等方式，使学生对计算机产品营销流程获得一个直观的了解，锻炼学生的职业应用能力，并能够根据具体的实训条件举一反三、归纳总结，同时对实践技能有一个直观的自我评价。

本项目需准备一台实训计算机和一台打印机（用于打印配置单），并连接到互联网。

▶▶ 任务　销售计算机产品

本任务主要讲解如何开展计算机产品营销。在营销过程中，小霖首先通过前期的询问交流来了解客户的总体需求，并初步形成对应的产品方案。接着通过与客户洽谈方案的功能细节，进而明确客户的具体需求与选购意向，最终签下订单并交付产品。最后，在履行售后保障服务的过程中为客户提供技术支持，并收集产品的使用反馈，以提高客户满意度，维护良好的客户关系。

1. 售前交流与需求分析

这天上午，一位客户到店里选购计算机。小霖在技术销售主管赵工的指导下接待这名客户，并为客户提供相关咨询服务。

小霖：您好，请问您想选购什么类型的计算机呢？

客户：您好，我想购买一台适合家庭使用的计算机，能够上网娱乐，观看高清影视剧，流畅地运行现在主流的游戏，同时也要满足我从事图形设计的需要。

小霖：那您预期的购机预算是多少呢？

客户：我初步预算是整机大概在 8 000 元以内（包括必要的配套设备）。当然，如果产品配置合适，价格也可以适当上浮一点。

小霖：请问您是希望采用定制组装的计算机，还是希望购买整套的品牌机？

客户：这方面我也不了解，请您帮我推荐一款吧！

小霖：好的，请您先填写这张"计算机配置需求调查表"（见表 6-11），在符合您要求的选项前打钩，其他额外的事项请在表格右侧单独列出。我会根据您的具体需要推荐合适的计算机配置方案，并为您简单介绍每套配置方案的主要特点，方便您进行对比选择。

表 6–11 计算机配置需求调查表

整机产品定位				
主要用途归类	□入门学习	□家庭娱乐	□商务办公	
	□游戏竞技	□专业设计	□网络数据处理	
游戏运行需要	□网页游戏	□2D 游戏	□3D 游戏 □VR/AR 游戏	
	□次世代游戏	□其他大型游戏		
编辑设计需要	□影视编辑	□动漫设计	□游戏设计	
	□美工 / 图像设计		□其他专业设计	
专业软件需要	□ Photoshop	□ CorelDRAW	□ 3ds Max	
	□ Maya	□ AutoCAD	□ Premiere □其他软件	
购机预算区间	□ 5 000 元以内	□ 5 000 ~ 8 000 元	□ 8 000 ~ 10 000 元	
	□ 10 000 ~ 15 000 元		□ 15 000 元以上	
整机 DIY 配置				
运算性能要求	□高端性能		□主流性能	□一般性能
存储容量要求	□超大容量（8TB 以上）		□较大容量（6 ~ 8TB）	
	□主流容量（3 ~ 5TB）		□一般容量（2TB 以下）	
显示效果要求	□超高清（2K/4K）		□全高清（1080p 以上）	
	□ HDMI/DSP 等高清连接		□多屏输出	□其他
屏幕尺寸要求	□超大屏幕（27in 以上）		□影视宽屏（23 ~ 26in）	
	□普通宽屏（20 ~ 22in）		□曲面显示屏	
音质播放要求	□倾向超重低音	□倾向轻柔音质	□二者需兼顾	
键鼠操作要求	□游戏竞技手感	□人体工学手感	□一般操作手感	
	□多功能按键	□有背光灯 / 呼吸灯	□无线键盘鼠标	
机箱外观要求	□稳重厚实型	□时尚潮流型	□游戏专用型	
	□不对称箱体	□侧透面板	□光炫酷效果	
	□白色机箱	□黑色机箱	□红色机箱 □其他颜色	
是否需要配套外设	□高清摄像头	□游戏 / 音乐耳麦	□刻录机	
	□喷墨打印机	□扫描仪	□无线路由器	
	□无线网卡	□U 盘	□移动硬盘 □其他外设	
其他额外配置需求	1. 硬件设备：_____ 2. 操作系统：_____ 3. 应用软件：_____			

2. 销售确认与产品交付

客户填写完"计算机配置需求调查表"后（见表 6-12），小霖根据客户的具体需求，与客户进一步洽谈并确认计算机配置方案。

表 6-12　客户填写的装机配置需求表

整机产品定位			
主要用途归类	□入门学习　　☑家庭娱乐　　□商务办公 □游戏竞技　　□专业设计　　□网络数据处理		
游戏运行需要	☑网页游戏　　☑2D游戏　　☑3D游戏　　□VR/AR游戏 □次世代游戏　　□其他大型游戏		
编辑设计需要	□影视编辑　　□动漫设计　　□游戏设计 ☑美工／图像设计　　　　☑其他专业设计		
专业软件需要	☑Photoshop　　☑CorelDRAW　　□3ds Max □Maya　　　　□AutoCAD　　□Premiere　　□其他软件		需安装新版本的设计软件
购机预算区间	□5 000元以内　　☑5 000～8 000元　　□8 000～10 000元 □10 000～15 000元　　　　□15 000元以上		
整机 DIY 配置			
运算性能要求	□高端性能　　　　　☑主流性能　　　　　□一般性能		
存储容量要求	□超大容量（8TB以上）　　□较大容量（6～8TB） ☑主流容量（3～5TB）　　□一般容量（2TB以下）		存放影视剧、图片和设计资料
显示效果要求	□超高清（2K/4K）　　　　☑全高清（1080p以上） ☑HDMI/DSP等高清连接　　□多屏输出　　□其他		
屏幕尺寸要求	□超大屏幕（27in以上）　　☑影视宽屏（23～26in） □普通宽屏（20～22in）　　□曲面显示屏		
音质播放要求	☑倾向超重低音　　□倾向轻柔音质　　　　□二者需兼顾		
键鼠操作要求	□游戏竞技手感　　☑人体工学手感　　□一般操作手感 ☑多功能按键　　□有背光灯／呼吸灯　　□无线键盘鼠标		
机箱外观要求	□稳重厚实型　　　☑时尚潮流型　　　□游戏专用型 □不对称箱体　　　□侧透面板　　　□光炫酷效果 ☑白色机箱　　　☑黑色机箱　　□红色机箱　　□其他颜色		机箱可用黑色、白色或银色
是否需要 配套外设	☑高清摄像头　　　□游戏／音乐耳麦　　☑刻录机 ☑喷墨打印机　　　□扫描仪　　　　□无线路由器 □无线网卡　　　□U盘　　□移动硬盘　　□其他外设		
其他额外 配置需求	1. 硬件设备：_____ 2. 操作系统：安装 Windows 10 专业版系统_____ 3. 应用软件：安装刻录软件_____		

小霖：从您的配置单来看，您购买计算机主要是满足影视和游戏娱乐需要，同时用于 SOHO 办公事务和图形图像设计工作，是这样吗？

客户：是的，需兼顾日常娱乐和职业工作需要，因此我希望计算机除了具备较快的速度外，还要保障运行时的稳定性和流畅性。另外，我有很多设计图样和工作资料需彩色打印，有时还要制作多媒体光盘，与同事或客户进行在线交流，这样还需要搭配必要的办公设备，以方便我在家开展工作。

小霖：明白了。根据您所列的各种需求，我为您制订了两套计算机配置方案，一套是定制组装机，另一套是品牌台式机。这里是每套方案的硬件配置和价格明细（见表 6-13 和表 6-14）。

表 6-13　家庭娱乐及 SOHO 办公组装机方案

配件名称	品牌与型号	基本性能参数	参考报价
CPU	Intel Core i5 8400（盒装）	第八代酷睿节能处理器，六核心 / 六线程，14nm 工艺，LGA 1151 接口，2.8GHz 主频（动态加速可达 4GHz），8GT/s 总线频率，9MB 三级缓存，内置 HD 630 核芯显卡，最大支持 64GB DDR4 2600 内存，TDP 功耗为 65W	1 399 元
主板	华硕 TUF B360M-PLUS GAMING	Micro ATX 板型，采用 Intel B360 芯片组和 LGA 1151 插槽，支持第 8 代 Core i7/i5/i3/Pentium 处理器，带有 4 条 DDR4 双通道内存插槽（最大支持 64GB）、3 条 PCI-E 3.0 显卡插槽、2 个 M.2 和 6 个 SATA3 接口，4+1 相供电模式	799 元
内存	金士顿 HyperX Savage DDR4 2400	DDR4 型内存，16GB 容量（8GB×2 套装），2400MHz 主频，带散热片	999 元
机械硬盘	希捷 Barracuda 3TB	希捷 Barracuda 主流台式硬盘系列，3TB 容量，64MB 缓存，7200r/min 转速，单碟容量为 1000GB，SATA3.0 6Gbit/s 接口	549 元
固态硬盘	Intel 545S（2.5英寸）	256GB SATA3 固态硬盘，读取速度为 550MB/s，写入速度为 500MB/s，提供 5 年质保	399 元
显卡	微星 GeForce GTX 1050Ti 飙风	采用 GeForce GTX 1050 Ti 显示芯片、14nm 工艺和 4GB GDDR5 显存，支持 7008MHz 显示频率、128bit 显存位宽和 7680×4320 的分辨率，支持 3 屏显示输出，功耗为 75W，双风扇散热	1 249 元

（续）

配件名称	品牌与型号	基本性能参数	参考报价
显示器	优派 VX2478-smhd-2	23.8in LED 背光显示器，采用 IPS-Type 面板，屏幕比例为 19∶6，动态对比度为 50 000 000∶1，亮度为 250cd/㎡，最佳分辨率为 2560×1440，支持 1080p/2K 全高清显示标准，灰阶响应时间为 5ms，可视角度为 178°，附带 HDMI 和 Display Port 接口	1 099 元
电源	鑫谷 GP600P 白金版	ATX 电源，支持 Intel 和 AMD 全系列处理器，额定功率为 500W，12cm 液压轴承静音镀金风扇，20+4pin 模式，包含 1 个 CPU 供电接口和 2 个显卡供电接口，转换效率高达 94%，80PLUS 白金牌认证	299 元
机箱	先马工匠 5 号	立式机箱（中塔），适合 ATX 和 Micro ATX 板型，0.6mm 厚度 SPCC（轧碳钢薄板及带）材质，内置 3 个机械硬盘仓位和 2 个固态硬盘仓位，亚克力晒纹外观设计，支持防辐射和背部走线	169 元
键盘和鼠标	微软 3000 舒适曲线键鼠套装	USB 光电型有线键鼠套装，符合人体工学曲线特点。键盘为 107 键，火山口结构，采用一体式手托；鼠标采用 3 键双向滚轮，分辨率为 1000，支持蓝影技术	165 元
音箱	漫步者 R201T Ⅲ	2.1 声道低音炮木质音箱，额定功率为 28W，信噪比 85dB，阻抗为 4Ω，包含 1 个 5in 主音箱和 2 个 3in 卫星音箱，支持防磁功能	264 元
刻录机	华硕 SDRW-08D2S-U	外置型 DVD 刻录机，采用 USB 2.0 接口，1MB 缓存，支持 8X DVD±R/DVD±RW 读／写 和 24X CD±R/CD±RW 读／写，便于刻录数据、制作备份光盘或多媒体光盘	249 元
高清摄像头	蓝色妖姬 T3200	家用型高清拍照摄像头，采用五玻可调焦镜头与 CMOS 感光元件，1200 万像素，最大分辨率为 1600×1200，头部支持 360°旋转，免驱即插即用，魔幻视频特效	79 元
喷墨打印机	佳能 iP7280	家用型照片打印机，采用分体式 5 色独立双黑墨盒，最大分辨率为 9600×2400，可打印 A4/A5/B5 等介质，打印负荷为 3000 页／年，并支持移动打印、自动双面打印、WiFi 直连网络打印、光盘盘面打印等功能	969 元

价格合计：8687 元

注：上述报价，仅供参考。

表 6-14　家庭娱乐及 SOHO 办公品牌机方案

配件名称	基本性能参数
整机品牌与型号	联想天逸 510 Pro
主板芯片组	Intel B360 芯片组
CPU	Intel 酷睿 i7 8700，六核心 / 十二线程，14nm 工艺，3.2GHz 主频（最高可加速至 4.6GHz），12MB 三级缓存，支持 Intel 博锐技术
内存	DDR4 8GB 2133MHz
硬盘	混合硬盘（128GB 固态硬盘 +1TB 机械硬盘）
显卡	NVIDIA GeForce GT730 独立显卡，2GB GDDR5 显存
显示器	23in LED 宽屏显示器，分辨率为 1920×1080
机箱和电源	厂商标配，银黑色立式机箱
键盘和鼠标	厂商标配，有线键盘鼠标
I/O 接口	6 个 USB3.0 接口、千兆 RJ45 接口、802.11 无线协议、蓝牙 4.0、VGA/HDMI/Display Port 视频接口等
操作系统	预装 Windows 10 64 位简体中文版系统
售后服务	整机三年全国联保
外设配置（单独购买）	
音箱	漫步者 R201T III 2.1 声道低音炮木质音箱（264 元）
刻录机	华硕 SDRW-08D2S-U 外置型 DVD 刻录机（249 元）
高清摄像头	蓝色妖姬 T3200 家用型高清拍照摄像头（79 元）
喷墨打印机	佳能 iP7280 家用型照片打印机（969 元）
价格合计：6 899（整机）+ 1 562（外设）= 8 461 元	

注：上述报价，仅供参考。

小霖：从整机性能上看，这两套计算机配置方案都能满足您的使用需求，让您工作娱乐两不误。下面我给您简单解释一下这两套方案各自的特点。

（1）组装机配置方案　组装机方案的性价比相对较高，各种硬件设备（尤其是主要部件）可以根据消费者的不同需要进行灵活配置，尽量挖掘计算机硬件的潜在性能，最大限度地接近您的个性化使用需求，并能让您从中体会 DIY 设计的乐趣。另外，组装机在后续硬件升级与扩容方面也比较方便，随时可以添加或更换部件。

您的这套组装机方案具有以下几项特点：

1）采用目前主流的第八代 Intel 酷睿 i5 8400 处理器和商用型的 Intel B360 芯片组，

处理器拥有六个物理运算核心与 9MB 三级缓存，经过动态睿频加速后最高频率可达 4GHz，并搭配 16GB 金士顿 HyperX Savage DDR4 2400 双通道内存，使得计算机拥有较强的核心运算能力，适合运行大型软件。

2）在数据存储方面，采用 Intel 256GB 固态硬盘和希捷 3TB 主流型机械硬盘，既能保障计算机快速启动系统、运行软件，也能让您拥有足够的空间存放各类设计资料、影视资源和其他数据。

3）在图形显示方面，选用目前在图形性能和市场价位都较为平衡的微星 GeForce GTX 1050 Ti 飙风显卡，拥有 4GB GDDR5 显存和 7680×4320 的分辨率，具备 4K 显示画质，可支持 3 屏组合输出。显示器则采用优派 23.8in LED 背光显示器，支持 2560×1440 的分辨率和 1080p/2K 全高清显示标准，适合影视观赏与图形编辑。通过搭配 Intel 处理器内置的 HD 630 核芯显卡，能提供优质的图形显示效果。

4）电源具有较好的静音效果，500W 额定功率不仅能支撑现有的硬件供电需要，还为将来的硬件扩展预留了足够的富余容量，高达 94% 的转换效率能有效减少电能损耗，并获得 80PLUS 白金牌认证。机箱五金材质较好，内部空间开阔，散热设计合理，采用亚克力晒纹外观，支持防辐射和背部走线。键盘和鼠标采用微软人体工学曲线设计，增加护手托板，舒适度较好，便于游戏和设计操作。

5）考虑到您的具体需要，方案为您配置了漫步者 2.1 声道低音炮木质音箱，华硕外置型 DVD 刻录机，蓝色妖姬家用型高清拍照摄像头，佳能家用型照片打印机等几类外设，以方便您制作个性化的多媒体光盘、开展网络视频会议、打印高清彩色资料。

总体来说，这套组装机方案拥有较好的运算性能和图形显示效果，稳定性与舒适性也不错，性价比高，对于常见的游戏影音娱乐以及图形设计都适用。

（2）品牌机配置方案　品牌机是由计算机厂商统一设计、配置与制造的，因此拥有优异的稳定性、易用性和兼容性，各个硬件设备的协调能力较好，整机开箱即可使用，用户无须进行多少干预和设置，若有问题还可享受较为贴心的售后支持服务，这对于很多追求简便省心操作的消费者尤其适用。不过品牌机的售价则相对要高一些，硬件配置的灵活性与可选择性也有所欠缺。

给您推荐的这套品牌机方案兼顾了家用和商用的需求，拥有一线计算机品牌的品质保证，优异的稳定性、兼容性以及售后质保服务是其主要特色之一。这套品牌机方案的核心硬件配置特点如下：

1）采用第八代的 Intel 酷睿 i7 8700 处理器，拥有六核心 / 十二线程、3.2GHz 主频和 12MB 三级缓存的优异运算性能，能够很好地满足主流游戏和设计软件的运行需要。

2）由 128GB 固态硬盘和 1TB 机械硬盘组成的混合硬盘能消除系统启动和软件运行的磁盘瓶颈，存放常见的资料也不成问题。

3）配备 8GB DDR4 内存和 NVIDIA GeForce GT 730 显卡，能流畅运行当前流行的应用软件。并预装了 64 位 Windows 10 系统。

4）享受厂商提供的整机三年全国联保服务，让您在使用过程中没有后顾之忧，维护与保修也变得简单快捷。

由于品牌机的市场价格相对较高，往往要比同类档次的组装机贵，因此为您推荐的这套方案在性能配置上做了一定的取舍，侧重保障处理器和内存性能，而显卡和硬盘等部件维持入门级配置，总体来看也能符合您对于常用的图形图像设计与游戏娱乐的需要。

客户：嗯，这两套配置方案看起来都不错，价格都在我的接受范围内，您的解释说明也很详细、到位。那您认为哪一套计算机更适合我的需要呢？

小霖：考虑到您的购机预算总额，还有您在工作和娱乐上的不同要求，我建议您采用组装机配置方案，它在运算性能、游戏体验、图形图像处理和视觉效果方面更为突出，足够应付主流的 2D/3D 设计与图形数据处理工作，而整机售价在目前市场行情中处于较为合理的消费水平，相比品牌机来说性价比更高，所节省的费用还可用于购置品质较好的办公外设。

客户：明白了，那我就采用您的建议，选购这套组装机方案吧！

小霖：好的。请您在这张"计算机产品销售确认单"（见表 6-15）上签字，并留下联系电话与送货地址，然后支付购机费用。工程师预计在明天下午将安装好的计算机和外设产品送到您指定的地址，同时还会帮您调试、设置各种计算机设备，确保您能立即使用计算机。

客户：真是太好了，这样我就不用自己摆弄这台计算机啦！

小霖：此外，如果您在使用计算机时遇到不能解决的问题，请拨打公司售后服务热线，工程师会通过远程或者上门维护的方式，及时帮您处理问题。而在整机服务期限内，我们还会定期与您沟通，了解计算机设备的使用状况，以便及时为您提供巡检保障服务。

客户：非常感谢你们公司周到的服务，也让我增长了很多计算机知识。再见！

小霖：不客气，再见！

表 6-15　计算机产品销售确认单示例

订单号	201804248A	产品名称	家庭娱乐及 SOHO 办公组装机（套装）		
产品清单	组装机一套，音箱、喷墨打印机、刻录机、高清摄像头各一个，详见产品配置方案		产品总价	RMB 8 687.00	
客户编号	A1152-B	客户姓名	陈××	交付时间	2018.04.25
联系电话	139××××××××	送货地址	××市××区××路××小区 A 栋 2 单元 703		
基本保障服务（免费）	☑ 1 年整机保障服务				
延伸保障服务（需另购）	□ 2 年整机保障服务		□ 3 年整机保障服务		
××信息科技公司（盖章）					

注：1. 订单编号注解：A——组装机，B——品牌机，C——笔记本电脑，D——平板电脑，E——一体机，F——服务器。

2. 客户编号注解：订单编号 + 编号顺序 + 使用类型（其中，B 为"家用娱乐"型）。

3. 售后支持与反馈服务

在计算机与外设产品交付客户一个月后，根据公司的售后服务条款，小霖与该客户进行了电话沟通，并收集必要的客户反馈信息。

小霖：您好！我是 ×× 信息科技公司的客服小霖，不好意思占用您的宝贵时间。本次通话是想做一次售后状况了解，请问您对这套计算机设备的使用是否满意呢？

客户：计算机和外设的运行比较流畅，无论是娱乐还是工作，效果都挺好，日常操作也比较舒适，总体来说我很满意。对了，请您帮我把那台打印机设置共享吧，方便我家里的笔记本电脑联网打印资料。

小霖：没问题，让我用远程方式连接您的计算机来处理。

几分钟后，小霖完成了相关设置，并告知客户。

小霖：您好，打印机已共享，并测试成功，打印效果良好。我已将打印机的共享设置截图保存（如图 6-28 所示的设置图例），您以后有需要时可用作参考。

客户：谢谢您的帮忙，目前没有其他问题了。

小霖：好的，有需要请及时联系我，再见！

图6-28　打印机共享设置示例

实训　定制销售计算机产品

在本实训中，模拟练习为客户定制销售一套家用或办公用计算机产品，整机预算不超过7 500 元，其中包含一台小型家用喷墨打印机。

【操作步骤】

创设模拟性的职业情景和人物角色，体验计算机选配与营销过程。

1）在任课教师的组织与指导下，采用小组合作练习方式，设置一个计算机产品营销的职业化模拟场景。

2）站在经销商或销售员角度，制订一套个性化的产品营销方案与简要流程。

3）设计买卖双方的主要人物角色，并为每个角色分配具体的工作任务。

4）观察本次营销模拟实训过程，简述参与者在沟通表达、专业技能和团队协作等方面的表现，并对参与者的基本能力与实训效果做出适当的评价。

5）分组讨论并思考相关岗位对职业素质与专业技能有什么要求，自己又该如何改善与提高相应的职业核心能力。

【实践技能评价】

	检查点	完成情况	出现的问题及解决措施
定制销售计算机产品	营销方案相对完整，思路清晰，并具有可操作性	□完成　□未完成	
	本次实训能贴合实际，同时结合了计算机技术与产品营销的需要	□完成　□未完成	
	参考对应职业的基本要求，总结、归纳从本次实训所学到的知识（如职业核心能力、素质内涵等）	□完成　□未完成	

≫ 知识巩固与能力提升

1. 上网查找与计算机组装维护相关的岗位信息，了解这些岗位对求职者的专业技能和职业能力有什么具体要求。

2. 组装机和品牌机各自有什么优缺点？分别适合哪些消费人群使用？

3. 请思考：在计算机产品营销过程中，如何迅速抓住客户的购买需求？

≫ 职业素养

小霖：赵工，我的实习任务即将结束了。经过这段时间的学习和锻炼，我发现自己的沟通交流能力和创新思维能力都得到了很大的提高，也学会了如何将专业技能应用在日常生活和职业生涯中，这对我来说将是受益终身的宝贵财富！

赵工：我要祝贺你！一名优秀的技术销售人员，不仅要具备扎实的技术功底，还要培养良好的观察能力、分析能力、沟通能力、执行能力、学习能力以及较强的心理素质，擅于团队合作，乐于处理客户关系和职业压力，我很高兴地看到你在这些方面所取得的进步！

小霖：衷心感谢您和王工的悉心教导与帮助，让我掌握了很多书本上学不到的技能。到目前为止，我已成功销售了好几套计算机和外设产品，也独立为客户处理了很多技术问题，我感觉自己很有成就感呢！

赵工：呵呵，我也要感谢你为公司所做的贡献。你已经是一名合格的技术销售实习生了，我毫不怀疑未来的你将会做得更好，祝福你！

参 考 文 献

[1] 李焱，战忠丽，贾如春，等. 计算机组装与维护教程 [M]. 北京：人民邮电出版社，2014.

[2] 刘瑞新，吴丰. 计算机组装、维护与维修教程 [M]. 2 版. 北京：机械工业出版社，2016.

[3] 杨泉波. 计算机组装与维护实训教程 [M]. 2 版. 北京：机械工业出版社，2014.

[4] 江兆银，王刚. 计算机组装与维护 [M]. 北京：人民邮电出版社，2013.

[5] 徐新艳，魏湛冰，陈双，等. 计算机组装维护与维修 [M]. 2 版. 北京：电子工业出版社，2015.